思维革命从此开始

思维导图
从入门到精通

宋莹 著

北京大学出版社
PEKING UNIVERSITY PRESS

内容提要

本书以思维导图的入门方法及各种实际应用案例为主线，结合作者十多年的脑力开发教学经验，为读者提供了全方位的思维导图成长方案。

全书分为四个部分，共 11 章内容。第一部分（第 1~2 章）讲解思维导图的入门方法，主要从认识大脑和思维导图及思维导图的绘制方法展开；第二部分（第 3~6 章）侧重探讨思维导图在工作和生活上的应用，包括工作策划、日常阅读、时间管理和会议演讲等与思维导图的结合；第三部分（第 7~9 章）是关于思维导图学习与应试方法的内容，讲如何将思维导图应用于听课、写作、学习计划、知识记忆和亲子互动等学习环节；第四部分（第 10~11 章）介绍思维导图的综合应用，具体包括图形记录技术、电脑导图特点、问题解决导图和思维导图心法等内容。全书每章都有丰富的图例和绘制步骤指导，有利于读者快速上手，并多元化应用。

本书将思维导图的操作充分与记忆方法、时间管理理念、企业管理理论和心理学的知识融合，从工作、学习、生活和家庭教育等多角度启发读者开展实践。它适合初学者了解思维导图的全貌，也适合有思维导图实操经验的读者进一步深化应用，同时可作为大、中专院校及各界社会培训班的教材参考用书。

图书在版编目(CIP)数据

思维导图从入门到精通 / 宋莹著—北京：北京大学出版社，2018.3
ISBN 978-7-301-29131-3

Ⅰ. ①思… Ⅱ. ①宋… Ⅲ. ①思维方法 Ⅳ. ①B804

中国版本图书馆CIP数据核字(2017)第328777号

书　　　名	思维导图从入门到精通 SIWEI DAOTU CONG RUMEN DAO JINGTONG
著作责任者	宋　莹　著
责任编辑	尹　毅
标准书号	ISBN 978-7-301-29131-3
出版发行	北京大学出版社
地　　　址	北京市海淀区成府路205号　100871
网　　　址	http://www.pup.cn　　新浪微博：@北京大学出版社
电子邮箱	编辑部 pup7@pup.cn　　总编室 zpup@pup.cn
电　　　话	邮购部 010-62752015　发行部 010-62750672　编辑部 010-62570390
印　刷　者	北京中科印刷有限公司
经　销　者	新华书店
	880毫米×1230毫米　32开本　11印张　361千字 2018年3月第1版　2024年11月第19次印刷
印　　　数	85001–89000册
定　　　价	58.00元

未经许可，不得以任何方式复制或抄袭本书之部分或全部内容。
版权所有，侵权必究
举报电话：010-62752024　电子邮箱：fd@pup.cn
图书如有印装质量问题，请与出版部联系，电话：010-62756370

2004年我和宋莹老师认识,当时思维导图在国内才刚刚开始,她已经深入研究和传授思维导图这项工具了。在我国大脑开发这个领域,她可谓先行者。而且这位老师超实在,也低调。

最让我好奇的地方是她的读书方法,记得那时她想认识和了解时间管理,竟然搜罗了所有关于时间管理的书籍,然后全部用思维导图画出来。用思维导图和不用思维导图,有一个明显的区别,就是用了思维导图以后思路更清晰。它能把烦乱、错综复杂的信息在短时间内变得条理分明,给头脑减负。

印象最深的一次,是我们同时看一本700多页的九型人格的书,她竟然用几个小时就把它全部精读完,还做了大大的一幅思维导图,把里面的内容解构得比作者叙述得更简单易懂。

现在我依然在用当年向她学习的方法,一本书、一支笔和一张纸,就能很自然地投入"人书合一"的体验中。我眼中的宋老师是一位充满灵气、充满创造力的导师。

这次能第一时间拜读宋老师的作品实属荣幸。看完后我的体会是,市面上思维导图的书籍琳琅满目,但此书能够把思维导图从高度、广度、深度和力度等方面来全面讲解,是非常难能可贵的。

曾经我也有疑问,思维导图到底是什么?最初理解是一种记录发散思维的笔记方式。导图运用也有十来年了,这种笔记方式更多的是培养了我的立体性思维。对于如何积极并尽可能全面地思考确实起到很大的作用。这让我的工作和学习在效率方面有了很大程度的提升。

本书带给我的最大感受是通过一动一静来阐述思维导图的运用。在思维导图运用的过程当中，有许多时刻，你会意识到通过思维导图能推动我们思维能力的提升，使自己对外在事物的总结和概括更加精准。然而，没想到的是，书中不仅告诉我们可以通过向外界的高手请教，而且告诉我们，静下心来，调动心灵的力量，也能够非常有效地帮助自己提升思维能力。

我相信这本书能够从不同层次、不同方面，给读者带来启发和帮助。

庄海湛（世界记忆大师）

写于杭州

随着信息爆炸时代的到来，人们越来越关注脑力开发的话题。如何可以快速阅读？如何可以把握思考的关键点？如何能够提升自我学习和创新能力……这本书能在这些问题上给予大家一些帮助和启发，让我们更从容地工作和学习。

笔者会从六个方面带着大家一起了解全书的概况，让我们可以策略性地使用这本书。具体包括全书结构、阅读指南、适合人群、案例教学、实践方法和疑难解决。

1. 全书结构

全书分成四大板块：思维导图入门、工作与生活、学习与应试和综合应用。

第一部分：思维导图入门。我们会先了解大脑的基本特征与思维导图的概念和应用，然后开始学习手绘思维导图。

第二部分：工作与生活。讲述项目策划方法、思维导图阅读策略、时间管理与思维导图的结合，以及在会议、演讲和授课的时候如何使用思维导图。

第三部分：学习与应试。内容包括备考计划、听课笔记制作、写作灵感激发、思维导图背诵等方法，其中专门用了一章的内容具体讲解父母如何与孩子共同使用思维导图。

第四部分：综合应用。先探讨多种图形技术的综合应用与电脑思维导图的特点；最后一章讲解问题解决思维导图和绘制思维导图的心法。

为了让大家更直观地预览全书内容，我们特意制作了一张全书介绍思维导图，免费附送。这个图的价值有三点：首先，它有助于我们从感性上认识思维导图；其次，这是一张能帮助自己搜索书中感兴趣的内容的地图；第三，我们可以在阅读全书之后，用它进行复习和引导回忆。

此图是一个例子，可以启发大家的绘制思路。如果后期我们能够一边阅读一边整理出一张自己独创的全书思维导图（只记录自己最需要的知识），那就更好了。

2. 阅读指南

如果想快速阅读这本书，建议可以使用以下方法。

先将第一部分快速浏览，然后直接从书中找到自己最感兴趣的章节来展开阅读。有的人对"策划"感兴趣，有的人对"快速阅读"感兴趣，还有一部分人可能更想了解思维导图"应试技巧"。等读完了自己最感兴趣的内容，再按顺序阅读全书其他的章节。这样我们就可以将开始的时间和最好的精力放在自己最需要的知识上。

接着阅读第四部分，我们就可以对思维导图有一个总结性的认识。同时通过多种图形技术的介绍，开阔自己的视野。

注意： 书中有些较大型的思维导图，我们是以二维码的形式呈现的，读者可以通过手机扫码来进行阅读。这样的好处是，我们既可以看到更清晰的图文，又能够便捷地进行下载和保存（长按图片可以进行保存）。

3. 适合人群

职场人士：这本书主要面向的群体是职场人士。随着职场竞争的加剧和个人成长需求的增强，持续学习成为大部分人的选择。要想升迁至管理岗位，那么项目策划的能力需要提升；要想增加个人知识储备，高效阅读的能力是基础。

父母与孩子：孩子的教育是为人父母首要操心的事项。书中的第三个板块就是关于学习能力提升的。思维导图可以帮助成年人参加职业认证考试，也可以帮助中小学生分析和记忆课本知识。

同时，父母教育孩子最理想的方法，就是通过潜移默化的榜样带领。所以，父母要想指导孩子，首先需要自身掌握思维导图的应用方法。

4. 案例教学

本书最基本的写作思路就是案例教学。各种思维导图方法的讲解都来自实践运用经验和培训教学经验。我会通过实践案例的分析，让大家清晰地了解操作方法。因为案例和方法指导是硬币的两面，它们共同构成一个学习认知的回路。

有的伙伴会发现，在书中列举案例的时候会用到一些较复杂的思维导图。图中会有清晰的细节关键词，并且可能会通过多张分图和总图相结合的形式来展现内容。这样详细地举例是为了让大家直观的认识思维导图在现实应用中的状态：可粗略，也可细致。

不过值得提醒的是，使用思维导图的最终目的是让图熟记于心中，而不是简单的追求外观和规模。我们阅读他人的思维导图可以启发思路，但只有自己独立思考完成的思维导图才能梳理自己的思路。

同时，列举中大型的图例时经常会用到思维导图软件。本书中的电脑思维导图主要是用 iMindMap 软件和 Mindjet 软件绘制而成的。其中，iMindMap 软件绘制的思维导图，线条柔美灵活，插图多是手绘；Mindjet 软件绘制而成的思维导图，线条工整平直，插图则为各种图片资料。

这两种风格的思维导图各有优点：iMindMap 的风格艺术性更强；Mindjet 的风格则让人感觉简洁正统。我们可以在实践中选择适合自己需求的风格来使用。

5. 实践方法

学习思维导图是为了指导实践，解决具体问题。对于有效实践，可以从三个角度入手。

（1）时间和作图量的累积。保持每周绘制 3~7 幅思维导图的频率，坚持 1 年，思维导图的实践能力必定会有所提升。

（2）总结和创新。有了时间和量做基础，技术提升速度快慢的关键因素就是个人思考能力了。善于总结和创新对掌握思考类技术至关重要。

（3）手绘。手绘是思维导图制作形式中的基础形式。多使用手绘，可以让自己的思路更灵活，也能更好地掌握布局和空间分配方法。手心相连，用手绘心。

6. 疑难解决

阅读的过程中遇到应用疑难、需要书中案例中的高清思维导图电子版或有新的应用灵感，都可直接与我联系。微信联系方式：songyingyizhan123；邮箱联系方式：3076682375@qq.com。

同时，登陆微信公众号"宋莹驿站服务中心"，可了解最近学员成长分享和学习社群动态；进入微信公众号"宋莹驿站"，可阅读过往更新的原创内容。

宋 莹

目录 CONTENTS

第一部分 思维导图入门

第一章 认识大脑和思维导图 // 2
第一节 你准备好了吗 // 4
第二节 神奇的大脑 // 7
第三节 思维导图是什么 // 12
第四节 思维导图的应用领域 // 16

第二章 一起画思维导图 // 20
第一节 绘制步骤与方法指导 // 22
第二节 思维导图绘制要领 // 25
第三节 思维导图与线性笔记 // 28
第四节 成长的过程 // 32

第二部分　工作与生活

第三章　工作策划中的应用 // 38
- 第一节　工作中的思维困境 // 40
- 第二节　"万能导图"模式 // 42
- 第三节　工作策划案例 // 46
- 第四节　"策划型导图"的制作理念 // 68
- 第五节　经典工作管理导图 // 71

第四章　阅读让思维起飞 // 94
- 第一节　思维导图阅读的美 // 96
- 第二节　"阅读思维导图"的制作 // 98
- 第三节　"阅读准备图"案例 // 102
- 第四节　"全书分析图"案例 // 109
- 第五节　阅读技巧一：找关键词 // 122
- 第六节　阅读技巧二：提速方法 // 124
- 第七节　阅读技巧三：选择好书 // 126
- 第八节　阅读技巧四：战略性阅读 // 129

第五章　思维导图与时间管理 // 132
- 第一节　时间管理"三步骤" // 134
- 第二节　10件事管理法 // 138
- 第三节　生命管理1：时间预算与结算单 // 150
- 第四节　生命管理2：理想路线图 // 153
- 第五节　潜意识时间管理法 // 157

第六章　会议思维导图 // 160
- 第一节　会议头脑风暴法 // 162
- 第二节　会议流程图 // 169
- 第三节　演讲与思维导图 // 176
- 第四节　授课与思维导图 // 183

第三部分　学习与应试

第七章　思维导图学习法 // 192
- 第一节　资格证考试与思维导图 // 194
- 第二节　听课笔记法 // 211
- 第三节　电影分析图 // 231
- 第四节　写作灵感与思维导图 // 245
- 第五节　考试学习计划 // 255
- 第六节　学习状态调整法 // 259

第八章　思维导图与记忆法结合 // 262
- 第一节　记忆方法的三个要点 // 264
- 第二节　记忆思维导图 // 267
- 第三节　地点法与思维导图记忆 // 270
- 第四节　知识成长法 // 276

第九章　思维导图与亲子时光 // 282
- 第一节　思维联想游戏 // 284
- 第二节　故事分析图 // 287
- 第三节　中小学课本导图 // 293
- 第四节　学习目标与计划 // 298

第四部分　综合应用

第十章　图形记录技术与导图软件 // 306
　　第一节　低维图形记录技术 // 308
　　第二节　多维图形记录技术 // 315
　　第三节　手绘导图与电脑导图 // 320

第十一章　静心与思维导图 // 324
　　第一节　问题解决思维导图 // 326
　　第二节　静心与思维导图 // 332
　　第三节　思维导图的心法 // 334

后记 // 338

第一部分
思维导图入门

第一章　认识大脑和思维导图
第二章　一起画思维导图

第一章 认识大脑和思维导图

这一章我们通过四个部分的探索来启动思维导图之旅。首先,最重要的是基本观念和心态的调整;其次,了解大脑思维特征的神奇之处;接着我们从思维导图的基本概念和原理入手,来了解它的面貌;最后,从思维导图应用的各个方面来认识它在我们学习、生活和工作中的价值。

第一章 认识大脑和思维导图

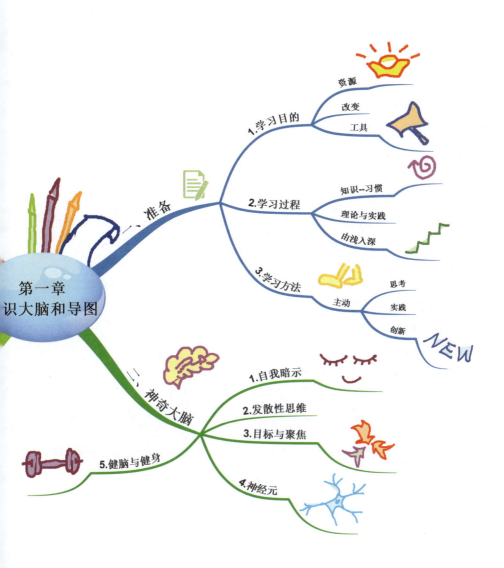

第一节　你准备好了吗

很多时候，学习思维导图的"快慢"与是否可以"善用"它是成反比的。

具体来说就是，有的人看起来很聪明，好像一下子就掌握了思维导图的要领，并可以画得很漂亮。但其实，日后他们不一定能真正"善用"思维导图。而有的人看起来笨拙，学了许久似乎还没弄明白思维导图是什么，画得也并不好看，但这样的人反而有可能更持久地使用思维导图，并越用越好。

为什么呢？因为有时自认为某件事很容易做到，是源于对它缺乏敬畏或还不够重视。所以，很多天赋秉然的人，一学就会但没有耐心学好一个新事物；反而那些笨拙但谦虚认真的人会后来居上。

所以，我想说，思维导图很美，很强大，请耐心体味。

一、为什么要学

在我们开始接触思维导图和脑力开发的时候，最重要的并不是马上开始学习具体的方法，而是先要确立清晰的学习目的。要弄明白："学习思维导图对我有什么意义？"

我们一起从三个角度来探索学习思维导图的价值。首先是从资源的角度，然后是从改变的速度，最后是从善用工具的价值上。

1. 最重要的资源是什么

"资源"，从来都是一个充满魅力的词语。因为善用资源可以赋予我们更强的力量。于是，我们总在忙碌地寻找各种有价值的资源。

我们发现"人脉资源"很重要，"矿产资源"可以致富，拥有"房产资源"就拥有了安定的生活，甚至"无形的口碑资源"也价值千万。但其实，我们有一个最重要的资源，不在外面，就是我们自己。

如果我们善用自己，善用头脑，就拥有了最强大的资源。因为头脑是我们创造所有外界资源的起点。

思维导图能做到的是，开启我们的学习能力、记忆能力和创造能力，提升我们大脑的思维能力。

2. 从哪里开始改变，提升最快

我们不断尝试各种改变，期待生活更好。我们改变自己的工作，找更高薪的职位；改变自己的住处，想居住得更舒适；改变自己的身材，为了有更好的形象……那么，改变什么可以让我们提升最快？

答案是，改变思维。

改变外界的事物总是很难，因为影响因素众多，所以成效缓慢。但改变自己的思维的作用是立竿见影的。因为，它的决策权完全掌握在我们自己手里。

使用思维导图做笔记，就是在锻炼新的思维方式：发散思维、立体思维和网络化思维。

3. 你了解善用工具的价值吗

生物学家总是骄傲地说，"人与动物的区别就是，人会使用工具。"可见，善用工具是我们进化的重要标志。

工具对我们的生活有多重要，相信大家都很清楚。比如，没有剪刀这个工具，我们不但剪不出窗花，连一个圆圈都剪不出；没有汽车和飞机做交通工具，我们的生活节奏会很缓慢，活动区域也将受到巨大限制；没有电脑和手机做通信工具，生活的艰难程度更无法想象……

工具是一个杠杆，把我们的力量无限放大。

思维导图作为思考记录的新工具，也将给我们带来各种便利。

二、学习过程：先慢后快

1. 从知识到习惯

学习的第一步，掌握相关的知识。我们会在头脑中构建思维导图的基本概念和理论，了解思维导图的制作步骤和使用方法。在这个阶段，学习停留在认知阶段，并没有真正改变我们的行为。

学习的第二步，练习对应的技巧。我们开始实践思维导图的绘制方法。比如，在阅读书籍的时候，用思维导图分析内容；在策划的时候，用思维导图梳理计划；在备考的时候，用思维导图设计学习目标和计划。

学习的第三步，保持良好的心态和坚强的信念。学习不可能一帆风顺，过程中必然会遇到许多困惑和难题。所以，除了技法的掌握外，我们更需要具备心态的调试能力。

在学习成长的道路上陪伴自己，鼓励自己克服学习困难，是持续进步的关键。

学习的第四步，养成新的习惯，收获成效和惊喜。当一种行为变成我们的习惯时，我们的能力得到了确实的提升。而且，成效和喜悦从来都源于生活的点滴行动累积。与其幻想干一番轰轰烈烈的大事或一夜暴富，不如踏实地做好每一天的小事。这更容易让我们遇见收获和惊喜。

2. 良性循环

"从群众中来，到群众中去"，讲的是理论与实践的关系。学习也是一样，我们会在实践中总结经验，用新的经验指导行动，接着再进行总结，并指导行动。

所以说，思维导图这个方法是属于我们每个人自己的。不同的人使用思维导图做不同的事情，得到自己独一无二的经验，然后继续开始新的实践。最后形成自己独特的思维导图使用方法，得到自己独到的领悟。

3. 逐步深入

"由浅入深，由易到难，由基础到实际问题"是学习的过程。所以，虽然我们学习思维导图都有明确的目标，就是要用它解决实际问题，提升学习工作效率。但我们仍要保持对学习的耐心，沉下心来练习基本功。

就像孩子学习走路，一定会经历从"练习走路"到"去自己想去的地方"的过程。

三、学习方法：主动

"最好的老师，是学习兴趣。"对思维导图保有热情，愿意思考和行动，才会成就我们的进步。今天这本书，就像一块敲门砖，可以为大家打开一扇门，但不能代替大家前行。从这个角度说，有句话挺适合，所谓"师傅领进门，修行靠个人"。

1. 思考

"善于思考，善于发现问题并找到答案"是一个宝贵的学习品质。

在使用思维导图的过程中，我们很可能会有这样或那样的疑问。大家可以积极地"自问自答"，去探索解决方案。同时，也欢迎大家通过书中提供的联系方法，与我进行交流探讨。

2. 实践

"实践出真知""听过你会忘记，做过你才会明白"。

在学习思维导图的过程中，我们需要思考："如何用它解决实际问题？""如何将思维导图与日常生活、学习和工作进行对接？"……这样带着目的去实践，才能发挥思维导图的最大作用。

3. 创新

一方面，思维导图的绘制规则是相对简单的，所以留下许多创造空间；另一方面，在将思维导图用于专门领域的时候，我们也会产生很多新的收获和体悟。所以，持续保持创新的态度，可以让思维导图更精准地与我们的实际结合。

最后，我想说，一起来吧，打开新的世界！

第二节　神奇的大脑

大脑很有趣，有自己的脾气和规律。

这一节我们一起了解大脑的思维特点，以善用自己的头脑。思维的五个特点分别是："自我暗示""发散式思考""联想学习""聚焦目标"和"越用越灵活"。

一、自我暗示：右脑的作用

大脑分为左脑和右脑，左脑负责抽象逻辑思维，右脑负责形象思维。左脑很像"CPU"，时时刻刻处理和运算各种信息，然后有序地将它们呈现在表意识；而右脑更像"硬盘"，负责存储所有重要记忆和行动指令，有声音、画面，还有情感。它属于潜意识的范畴，很多时候并不被我们感知，但经常对行为有决定性的影响。以下是左右脑的分工图示。

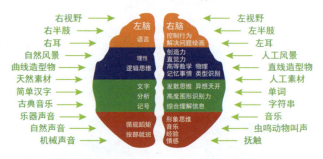

大脑分为左脑和右脑,左脑具有逻辑、推理、分析等功能;右脑具有创意、想象、综合等功能。左右脑要综合开发,协调并用。

我们常认为,逻辑思维具有较强大的力量,因为左脑的逻辑思维过程可以被直接感知。但事实上,右脑的感性思维才是真正的领导者,它会通过潜意识直接影响我们的身心行动。

所以,事先用画面与自己的右脑沟通,并进行良性的自我暗示,对我们掌控思维和行动很重要。

具体来说就是,当我们将未来进行详细的规划时,潜意识会开始浮现各种采取行动的场景和成功的美好画面,这样行动效率会变得很高。而如果我们信誓旦旦地要采取行动,但没有进行良好的右脑沟通时,未来行动画面还停留在过去的模式中,身心没有改变,这就容易使新的行动半途而废。

举例来说,一个女孩想减肥,于是她希望控制食量。常见的情况是,虽然有目标,但女孩每次到吃饭的时候,就发现仍然很难自我控制。感性和冲动的欲望占了上风。

但如果女孩了解大脑的运作规律,事情可能会有所不同。她可以事先进行充分的策划和内心画面预演:首先,计划好每餐吃哪些食物,具体量是多少;然后每天早上起床就开始在脑海中想象，今天每次用餐的画面——看到自己只吃适量的健康食品就很愉快的画面；接着，想象自己成功瘦身之后，身材苗条、轻松生活的美好状态。

她会发现，良好、持续地进行自我暗示，会使自己节食行动的成功率大大提升。

又比如我们要进行一次演讲，如果没有良好的潜意识准备，我们很容易在走上台之后身心紧张，头脑一片空白，把想好的语句都忘记了。而如果我们懂得进行事前画面预演，情况会大有改善。

做法是：首先，我们在演讲之前将演讲的内容变成"电影画面"，看着右脑中的画面组织左脑的语言表达，这将使记忆讲稿变得轻松；然后，我们在脑海中想象整个演讲的过程，即演讲的场面，自己站在台上的状态和表情，每句话讲完之后台下观众对应的反应，等等。这些与潜意识沟通的工作，都会正确启动我们的右脑，让身心收到行动的指令。

最后，实际行动就变得轻松和谐。

二、发散式思考

因为大脑思考问题时是发散式的，所以，我们每次思考时，大脑都会在同一瞬间想到许多事情。

第一个例子是找钢笔。当我们在家中的沙发底下找到一支钢笔的时候，思路就会一下子打开。我们可能想到以前使用这支钢笔的情形，这支钢笔的来历，由这支钢笔引起的故事，弄丢钢笔之后的心情和状态，找到钢笔之后准备怎么用等内容。

又如，当我们回到童年时生活的地方，各种回忆也会瞬间涌出。我们会想起以前要好的朋友的样子和大家之间的故事，小时候爸爸妈妈的形象与声音，第一次上学时的心情，当时一些十分开心的事情，小时候最喜欢的玩具，等等。

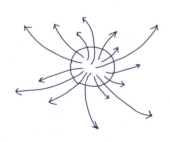

是的，思路会自然由一个中心点激发出来，就如上图所示的那样。而且想到的事物又会重新成为一个中心点，促发我们的头脑继续进行爆发式联想。

很多思维较灵活的人，说话的时候会让人感觉"思维很跳跃"，但说话的人自己并不觉得思维跳跃，因为他只是将同时想到的几个看起来不相干的信息都表达出来了。

我们本就具备这样的思维能力，但由于长时间的线性记录训练，让我们思路变得狭窄，创造力持续下降。然而由于发散式思考是大脑的一个重要的品质，所以社会一直在倡导我们"打开思路""激发创造力""学会举一反三地思考"……

三、关键点思维：聚焦目标

大脑天然喜欢聚焦。例如，我们总是对明确的目标具有较好的记忆力。

举例来说，当我们经过川流不息的大街回到家中的时候，有人问你："是否记得刚才从身边经过的人？"我们很可能说："没注意，不记得了。"

但如果有一次，你在回家的路上看到一个红色爆炸式发型的女孩，大脑将会突然兴奋和聚焦。以至于回家后，你还会与家人谈论这个在路上遇见的人。

再拿看书来举例。你拿起一本关于牙齿的书籍翻阅，看完之后你的印象可能较为模糊。如果有人问你："书中关于蛀牙的预防方法有几个？"你的回答可能是："哦，记不清楚了。"

但如果你刚好因为蛀牙而痛苦万分，你带着阅读目标开始查阅同一本书。你会发现，阅读完之后，对书中内容的记忆力明显增强。假如有人问你同样的问题，你甚至可以清楚地说出书中所有预防蛀牙的方法。

所以，当我们的学习有明确目标，并找到知识中的关键点时，大脑记忆会自动开启，学习效率也会随之提升。

四、神经元与联想学习

神经元又称神经细胞，它是全身与大脑中枢之间信息传递的载体。神经元的细胞体主要分布在大脑和中枢神经中，而树突末端则遍及全身每个地方。所以，当我们不小心切到手指的时候，这个危险信号就会迅速通过身体的神经网络快速传递到大脑指挥中心，然后"命令"我们马上缩回手。

神经元是由细胞体和细胞突起构成的。细胞体是神经元的核心部分，突起是由细胞体延伸出来的细长部分。形状如下图所示。

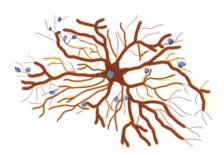

我们来重点了解一下大脑内部的神经系统的特点。

第一，大脑神经元呈网络状分布。神经元自身的形状就像是由一个中心发散出许多分支的思维导图。大脑中的神经网络就是由许多这样形状的小结构联合在一起构成的。

第二，信息通过金属电解质，在大脑神经元之间以电流的方式传递。学习和思考的时候，大脑就会产生联通和电流。这就是为什么我们有时思考遇阻的时候，喜欢形象地说："大脑短路了。"所以，补充钙等矿物质（金属电解质），可以使大脑联通顺畅，稳定情绪，改善睡眠。

第三，大脑记忆的基础就是联想。当我们可以把一个事物从脑海中联想出来的时候，我们会说："记起来了！"

科学家发现，神经元活动的强度和随后利用记忆的能力之间有相关性。神经元越活跃，人们记住图像的可能性越大；相反，如果神经元活跃度较低，就可能会忘记图像，丢失记忆（美国希达西奈医学中心神经科学家于 2017 年 2 月发布的研究结果）。

所以，创造新的联想，激发神经元的相互链接，就是学习新知识的过程。而且，不断加强一个知识的联想，或针对同一个知识创造多个联想，都是提升记忆力的根本方法。

五、健脑与健身：脑力训练的价值

大脑越锻炼，越聪明。

科学家评估一种生物的聪明程度的重要标准，不是大脑的大小，也不是大脑体积占这种生物整体体积的比重，而是大脑内在神经元的复杂程度。大脑内的神经网络越复杂，就说明这种生物的大脑越聪明。

锻炼大脑肌肉和锻炼身体肌肉是一样的，大脑神经元会随着我们持续思考和学习，而不断发展和丰富。

研究表明，我们学习新信息时大脑就会建立一个新的电流路径。此时，被新信息激活的神经元会生长出新的突起，一直延伸到对应的神经元上。新突出一旦形成，大脑兴奋就可以从一个神经元传到另一个神经元。于是，我们就学会了新的知识。

我们还可以从另外一个角度——人工智能，来理解用脑与学习的积极作用。

时下人工智能越来越被人们重视，它已经从原来的笨拙被嘲笑，发展到战胜世界国际象棋冠军，战胜世界围棋黑带的程度。它背后的原理就是持续的学习和迭代。

综上可知，科学、勤快地用脑，可以让我们变得更加聪明。

第三节　思维导图是什么

我们已经对自己的大脑有了一些了解，接下来就具体认识一下思维导图。它到底是什么？原理又有哪些？适合什么人群使用……我们现在一起来梳理一下。

一、基本概念

1. 定义

思维导图的英文名称是 mind map。中文名称有很多,如思维树、记忆树、心智图等。

它的基本定义是,"思维导图是用于记录发散思维的笔记工具,是一种新的思维模式。它结合了全脑的概念,增强思维能力,启发联想力与创造力"(东尼·博赞)。

从这个描述中,我们不难发现内含的三个基本要点。首先,对思维导图最具象的描述是,它是一种做笔记的方法;接着,长期使用思维导图的作用是改善思维方式和大脑各项机能;同时,它的作用原理是符合全脑思维的特点。

的确如此。我们在使用思维导图的过程中,先是记录方法的改变,然后逐步发展到思维方式的改变。不但做笔记时间缩短了,还很可能会从一个思维狭窄僵化的人,变成一个思路灵活、富有创造力的人。

2. 发明人

东尼·博赞作为思维导图的发明人,为社会作出了巨大的贡献。

他出生于 1942 年,英国人。因为对大脑潜能开发所作出的贡献,他被 BBC 誉为"世界大脑先生"。他不但致力于推广思维导图,还参与发起了世界记忆力竞标赛和世界快速阅读锦标赛。东尼·博赞先生在世界很多地方都举办过大脑科普活动,拥有广泛的知名度。

二、思维导图的原理

1. 类似神经元结构

大脑中信息传递的载体就是"神经元",它负责通过生物电的方式运送各种信息和灵感。神经元是由一个细胞体加它的突触构成的。思维导图的结构与大脑神经元的结构是相吻合的,如下图所示。

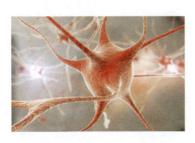

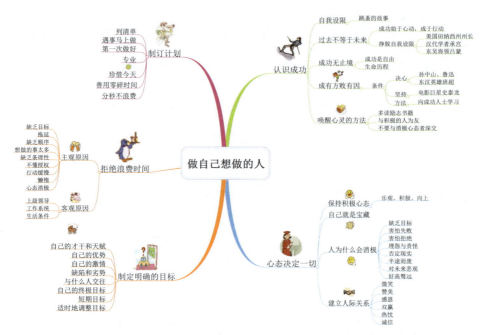

思维导图充分发挥了大脑的联想功能。我们将信息以"知识结点"的方式记录下来，并按照大脑联想和思考的特点组织起来。在图中能清晰地看到信息要点之间的网络关系。

2. 符合能量传递的方式

大自然中，能量大都以发散、放射状的路径进行传递。举例来说，对地球来讲，最基本的能量源就是太阳。太阳的能量是通过向四面八方发射的方式传递的，如下图所示。

然后，树木的生长与能量传递路径也是如此。我们从树根和树冠的结构外形就可以看出，各种能量和营养物质以网络状的方式从树根汇集到树干，然后大树又以放射状的方式将能量输送到树枝和树叶，如下图所示。

第一章 认识大脑和思维导图

花朵的绽放也是以从中心到四周的结构展开，呈现能量的传导过程，如下图所示。

我们再来看看墨水的能量扩散过程。如果将一滴墨水滴在纸上，墨汁的能量也是瞬间由中心向各个方向扩散，如下图所示。

如果力量在玻璃中进行传导，过程也是一样的。当我们拿一个锤子用力砸在玻璃上时，锤子的能量会传导到玻璃表面。于是，玻璃就会迅速地以放射状的结构释放这个能量。

最后来说说最根本的能量释放方式，它也是由中心向四面激发的，那就是"原

子能"释放的过程。如下图所示,原子核受到一个中子外力的冲击,释放出它的电子,然后进一步激活更多的原子,从而形成核反应。

综合上述能量释放的方式,我们可以了解到,思维导图的结构非常符合大脑能量释放和爆发的特点。所以,借助思维导图这个工具,我们思维活动的轨迹就可以更流畅和完整地被记录下来。

三、适合哪些人群

第一,适合学习者使用。无论是中小学生、大学生,还是职场人士都需要持续更新知识体系,学习新的能力。思维导图可以提高我们记忆的效率,减轻笔记负担,让我们保持竞争力。

第二,适合阅读者使用。当我们阅读休闲兴趣类书籍时,思维导图能协助我们找到新知识点,建立知识网络;当我们阅读生涩难懂的书籍时,它可以让我们轻松跳跃难点,找出目标知识。

第三,适合脑力工作者。很多职场人士需要进行全局分析和细致策划,所以思维导图就成为他们快速组织思路、布局计划的笔记工具。对于从事体力工作或简单机械性工作的人员来说,思维导图对他们的价值是有限的。

第四节 思维导图的应用领域

这一节我想和大家一起梳理一下:思维导图对于使用者的实际价值在哪里?日常生活、学习和工作中,我们如何利用它?

首先,我想说,思维导图的核心定位是:它是一种处理大脑信息的方法。它可以帮助大脑快速收集信息和传递信息。

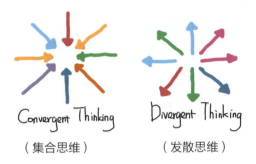

（集合思维）　　（发散思维）

一、收集信息

1. 收集文字信息

思维导图最传统的用途就是用于阅读书籍。

对于阅读的方法，我们过去喜欢徒手阅读，也就是捧着一本书直接看。这种阅读方法的结果是，看完第 88 页，我们忘了第 87 页讲的是什么；看完第五章，却想不起第二章讲的是什么……整本看完之后，感觉很激动，但是回忆知识却是很困难的。

思维导图可以完全解决这个问题。我们会从被动阅读变成一边阅读、一边作图的主动阅读。这样带着分析和思考阅读，我们会看得很认真。看完之后，思维导图也会便于我们回忆和复述。

2. 收集音像信息

这是思维导图应用中一个让人很快乐的领域。

过去听课和开会经常会遇到与阅读一样的情况，就是听的时候很热闹，听完之后却想不起来了。

边听课边画思维导图，对我们提升快速分析信息的能力有极强的锻炼。尤其是当我们记录语速快的人的思路时，做听记导图会让大脑有飞起来的感觉。

经过许多练习，我们会发现，眼睛和耳朵都灵敏了。任何信息进入我们的范围时，大脑都会快速分析和整理，即使还没有拿起笔画图。

3. 收集他人信息

这里讲的是集体讨论思维导图，也叫头脑风暴会议。这种会议方式有效开展的关键是，有一个强有力的思维带动者。他会营造一个宽松、开放的研讨环境，并将大家的思路进行整合记录。

头脑风暴是一种很高效的会议模式，它注重激发每个人的思维能量，并可以在讨论的过程中，潜移默化地完成团队共识和思维同步。

二、传递信息

1. 写作

思维导图对写作的帮助很大，因为我们可以用思维导图将要写的文案构思勾画出来，也能让思路进行自由拓展。

做写作思维导图的时候，要做好先做草稿导图（不注重美观和结构），之后再梳理成思维导图写作纲要的心理准备，因为这时激活思维比美观对称更重要。

2. 日常计划

传递信息的另一个重要方面，就是用于统筹日常思维。今天想做什么，下一步有什么安排，都可以在一张图中充分呈现。

如果是对一个项目进行规划，思维导图的缜密性和灵活性也可以帮助你厘清思路，了解整个时间轴上的各个战略要点，是军师必备工具。

3. 问题探索

表面上没有固定章法的问题探索过程，也可以显示思维导图的亮点。

我们的事业遇到困难，或是心情不佳、琐事缠身的时候，都可以静下心来做张图，把自己心中遇到的问题分析一下。这也是个不错的习惯。

很多时候，思维导图也是一种与自己交流的方式，它经常会带给我们很多洞见和惊喜。

三、思维导图的优点

第一,可以让思路主次分明、层次清晰。思维导图实用的同时,也在训练我们的思维。总分关系,层层深入,都是给我们的良好思维暗示。

第二,可同时处理大量信息。思维导图可以从任意一个点,激发无限的分支。这样我们的头脑将习惯于同时思考许多问题,同时关注到一个问题的多个侧面。

第三,思维自由丰富而不混乱。思维导图姿态优美、飘逸,同时,乱中有章,散中有序。我们会在这个过程中更懂得收放。

四、思维导图的缺点

第一,不规整。它不是像表格或流程图一样规整的图形技术,所以,我们在完成思维导图之后,也可以进一步用规整图形工具进行细节表达。

第二,个性化强。真正的内涵,只有绘图者自己明晰。这就是思维导图简练性和灵活性的集中体现。

第三,只适用于思考性的脑力劳动者。再好用的工具,都只适合需要的人,都有其局限性。如果你每天不需要思考,就可以快乐生活,不需要学习,就可以轻松赚钱,那么,思维导图是不需要的。

祝愿与思维导图有缘的伙伴,尽享它带来的便利。

第二章 一起画思维导图

既然我们都发现思维导图有实用价值，那么，从何下手，手绘出一幅自己的思维导图呢？从第二章开始，我们正式进入了思维导图的实践环节。第一节会讲到思维导图的五个基本绘制步骤；第二节，我们会进一步了解思维导图的绘制要领；第三部分，通过从思维导图与线性笔记的区别分析入手，来认识这个工具的独特之处；最后，我们梳理了绘制思维导图的成长过程，让大家可以更好地进行自我评估。

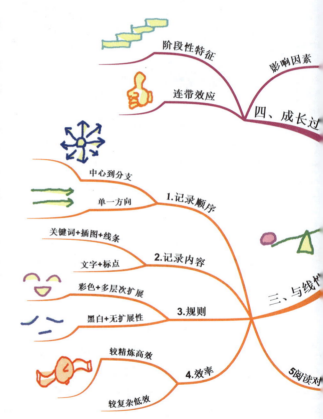

第二章 一起画思维导图

第一节　绘制步骤与方法指导

思维导图听着神秘，看着疯狂，画起来却非常简单。

我一直觉得，思维导图的绘制技巧几句话就可以讲完了。甚至不讲，大家看看图就会画了。所以，首先我们要放下对绘制思维导图的恐惧感，放下各种关于美观的标准，只要能拿起笔来画，就是成功。

做任何事情都要经历一个从不熟练到熟练的过程。所以，比绘制技能更重要的是，我们对自己的耐心和信心。

在这里，我简单地通过五个步骤来讲讲绘制思维导图的过程（这里讲的是手绘的过程，电脑绘制与手绘相似，只是不需要准备笔和纸）。

第1步：工具准备

绘制思维导图跟写字一样，需要准备笔和纸。最简单的开始就是："任何纸都行，只要有笔就能画。"我们如果突然有灵感想要记录，可以拿上草稿纸直接画。

但我们要是想绘制得感觉更好，内容更清晰，那就要进行以下操作。

1. 准备白纸

白纸，就是没有任何横线和格子的纸。最常用的是 A4 大小的白纸或空白笔记本。如果我们觉得信息量很大，也可以使用 A3 或更大的白纸。

因为思维导图的线条是根据当下思考的进度和内容绘制出来的，所以规整的线条反而容易混乱我们的视线和思路。

2. 使用彩色笔

我们日常绘制时，可以使用多色更换的自动圆珠笔。如果我们准备绘制一幅用来展示的思维导图作品，可以使用多色水彩笔或彩铅。同时，如果是在白板或一张白纸上绘制集体思维导图，可以使用多色白板笔。

第2步：纸张横放

日常我们写字都习惯纸张竖着放，但绘制思维导图时，建议大家把纸张横放。横放的过程，我们开始进入绘图状态。同时，纸张横放有利于视野的开阔。

这就好像去看电影，我们很喜欢宽荧幕，因为这样符合眼睛的视幅。甚至我们希望可以看360°环视电影，那种视觉感更真实。但我们并不喜欢观看窄荧幕，因为它会限制我们的视野。

第3步：绘制中心图

开始很重要，我们要从横放的纸张中间开始写字和画图。

所以，请找到中心位置，并画上中心图。我们可以尽量使用丰富的色彩和贴切的图像，来表达这张思维导图的核心主题。比如，"旅游计划"的思维导图中心图，可以画成下面这样。

如果没有时间画图，我们也可以直接用线条把中心词圈起来。比如，"周一例会""五一旅游""《鲁迅全集》""20××年3月5日计划"，等等，如下图所示。

当然，还有一种情况，那就是我们在做日常思考探索。这时，中心可能并不明确。所以，我们也可以直接画上一个空的圆圈代表中心图，等写完内容后再补上。

第4步：绘制主干

思维导图的理念是从主要到次要，从核心到细节。

对于阅读导图，在阅读书籍时，主干是根据目录绘制的，我们需要先将整本书的目录分析绘制完之后,再开始分析内容。

对于规划导图,制订计划时,我们可以将心中规划的核心步骤分列为主干,也可以将我们认为最核心的要素作为主干。

对于灵感导图,在激发灵感时,主干可以比较自由地绘制,不需要将所有主干都一次性绘制完成,以灵感的发展为导向逐步绘制。

在使用色彩的时候,建议可以一个主干一种颜色,这样我们就能清晰地知道思维导图一共分为几大板块的内容(如果你认为黄色的线条太淡,不显眼,可以不用黄色作为主干色彩)。

第5步:绘制分支

思维导图的分支可以无限延展,上面承载着关键词或插图。只要纸张空间允许,我们可以充分进行联想和记录。

有的伙伴会发现,自己画的思维导图很少分支,甚至有时会在一条线上写很长的一句话。出现这种情况,说明我们的分析和提炼能力还可以提升。举例说明,我们如果将"在海的远处,水是那么蓝,像矢车菊花瓣,又那么清,像最明亮的玻璃"这一整句话写成一个分支,分支的字数就过多了,如下图所示。

任何一句很长的话,我们都可以提炼出有效的关键词,而不是照抄原句。或者,我们可以将这句话分为几个逻辑层次来记录。比如,我们可以将刚才那句话变成三个层次:主干是"海水",然后分成"蓝"和"清"两个分支,最后分别写上对应的描述词"矢车菊"和"玻璃",并画上插图,如下图所示。

这样,内容看起来就清晰多了。同时,个人对语句的理解也在分析的过程中加深了。不过,我们要了解,每个人的分析和理解都可能不一样,所以思维导图没有唯一的分析方式,只有最适合自己回忆的分析方法。

如果发现实在有很长的内容无法删减,我们可以提炼关键词后标注上页码,这样就能很方便地查找和回顾内容。

回顾一下,一共五个步骤,手绘思维导图就完成了。

第二节　思维导图绘制要领

一、点点相通,线线相连

这是指绘制思维导图的时候,我们要将所有的线条首尾相连。具体绘制方法是:先画一条主干线,接着在线的上面填字;然后在线的尾端再接着画一条分支线,并在画好的分支线的上面写字。

这使得思维导图上任意的点与点之间是相通的,每一条线与线也是连贯的,它们共同组成一个承载关键词的网络。这很像树干、树枝和树叶的关系:树干和树枝是联通的,而叶子(关键词)长在树枝上,如下图所示。

文字尽可能写在线条上面，保持全图统一的记录规律。如果有的文字在线上，有的在线下，就会增加下次阅读的难度，也可能会出现理解错误。绘图时，纸张不转动，文字可以有所侧移。这样有以下两种作用。

1. 有利于节省空间

我们如果不采用联通的线条，就会让记录变得很消耗空间——线条上本来可以写字，但断开线条，我们还需要留下专门的位置写文字。所以，我们可以记住这样的理念：思维导图的线条虽然是自己绘制的，但和日常记录一样，线条是用来承载文字的。

2. 有利于厘清思路

由图可知，思维导图的清晰首先来自于脉络。就像一条河流，从各个支流汇集到大海；也像一棵大树，伸展着它的枝叶。如果线条断开，我们的思路就会变得不连贯，还会让信息之间容易混乱和串联，增加绘图的难度和阅读的难度。

二、线条先粗后细，文字先大后小

这个要领很好理解，我们绘制思维导图的主干时，线条要粗壮，上面的文字要醒目；我们绘制接下去的分支时，越到细枝线条越细，上面的文字也对应要写小一点，如下图所示。

从空间上说，主干的空间更开阔，所以，字可以写得大一些；分支的空间逐渐变小，于是我们需要精简利用空间。

从图示作用上说，主干必然是记录较为核心和重要的信息，所以我们要明显标注；分支则起到补充和描述主干内容的作用，所以我们通过大小来进行区分。如果我们将主干文字写得很小，分支内容写得很大，这对我们全图的布局和构思都是一种破坏。

三、线条自由、柔软

线条不可用简单的直线,而需要用柔和的曲线。主干可以是弧形线条,分支可以是波浪形线条,如下图所示。

从对比图中可以看出,直线完全不能让我们灵活地布局关键词,它会使很多可以记录的空间被浪费。而曲线可以让关键词自由地延伸,充分地填满白纸的每个角落,也可以让庞大的分支系统灵活地呈现,既美观又实用。

四、布局均衡

在制作思维导图的时候,布局和空间的预测能力都很重要。

比如,阅读书籍的时候,如果我们很清楚目标书籍的信息量,就可以规划出:"哪个部分的内容很多""哪个部分的内容较少",还有"是一张纸可以分析完,还是需要把前半部分画在一张图上,后半部分画在另一张图上"等内容。

这让我们制作手绘图的时候,不会出现严重的空间紧张问题。

五、彩图与附加信息

1. 色彩和插图

右脑喜欢画面,因为画面可以增强记忆,让大脑兴奋。所以,我们可以充分利用色彩来区分主干,利用插图来说明内容。尤其是在制作展示思维导图的时候,色彩和插图会增加可读性。

2. 说明线、标识和链接

信息之间的关系,有的时候不是单一的主次关系,而是多重复杂的联动关系。所以,为了准确地表达信息之间的关系,我们可以使用说明线。比如,同类信息关联虚线、因果推导箭头、信息附加说明线等。

标识也可以帮助我们快速找到同类信息。如米字符 = 重点内容,三角形 = 疑难问题,对勾 = 行动事项,红色圆圈 = 负责人……我们可以在思维导图旁边做一个标识含义说明。

同时,思维导图能与很多表达技术联合使用。我们也可以在电脑思维导图中插入表格链接、PPT 链接、网站链接等。

第三节　思维导图与线性笔记

因为思维导图是一个较新的事物,所以直接认识它、描述它是困难的。但我们可以通过将它与熟悉的事物进行比较,以此来看清思维导图的轮廓。

接下来我们探讨一下,"思维导图"与我们日常使用的"线性笔记"有什么区别。

一、记录顺序

1. 思维导图:从中心到分支

使用思维导图记录信息的时候,我们必须从中心图开始记录,然后发散出主干分支,接着才可以在主干分支的基础上绘制下级分支。

它引导我们必须从最重要最核心的信息开始分解,不管我们是在看书还是在策划事宜。这会潜移默化地改变我们思考问题的方法,让我们习得发散性思维方式,如下图所示。

2. 线性笔记:从左到右,或从上到下

线性笔记的形式如下图所示。线性笔记上的所有信息,都无法表达它们之间的关系和层次。因为记录信息的时候,我们不能利用空间进行构图,而只能沿着一个方向,将所有信息依次排列下去。可能是从左到右,也可能是从右到左,或从上到下。

这种唯一顺序的信息组合方式，不但妨碍创造性发散思考，而且妨碍我们记录瞬间爆发的灵感。所以，线性笔记使我们可能会"思如泉涌"，但还是无法写出第一句话。

长期使用这种线性的记录方法，会固化我们的思路，使我们思考问题时缺乏开阔性和多元性。

二、记录内容

1. 思维导图：图画 + 关键词 + 线条

思维导图有时很像画画，因为我们记录的内容都是在白纸上自由绘制出来的。而且，思维导图鼓励我们使用丰富的颜色、各种插图，还有灵动的线条。

在思维导图中，我们使用的文字都是以"关键词"（key word）的形式出现的。我们会精练地记录最核心的词语，几乎省略所有连接词和标点符号。有研究表明，思维导图记录可以略去线性笔记中 50% 以上的文字。

所以，在思维导图中，我们看不到"因为，所以，而且，那么，然而，同时……"等表示关系的连接词。所有信息丰富的逻辑关系，都蕴含在各种层次的线条里。

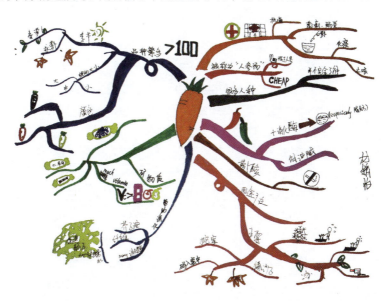

2. 线性笔记：文字 + 标点符号

线性笔记的记录内容只有文字和标点符号。我们会看到密密麻麻的文字，通过标点进行分段表达。这使得记录变得单调，复习变得枯燥。

三、记录规则

1. 思维导图：彩色，多分支，多层次，无限扩张

思维导图的记录规则十分灵活。我们可以用不同颜色代表不同信息群，用发散出的层次代表信息之间的关系。

在这样的记录中，可以随时增加新的分支，新的内容，具有无限宽广的扩张性。它不单有利于我们处理各种庞杂的信息，也会给我们头脑一个良好的暗示，让思路越来越开阔，越来越深远。

2. 线性笔记：黑白，无扩张性

线性笔记的记录规则较严格。记录只能沿着直线的方向，一行一行排列下去。而且彩色在记录中也很少被用到，我们多半采用黑色或蓝色的笔书写，偶尔使用红笔批注。

而且，线性笔记几乎没有扩张性，它不存在信息层次的表达，也没有体现信息之间的相互关联关系。

所以，这样的记录方式并不利于我们激发头脑。

四、记录效率

1. 思维导图：精练，较高效

从效率的角度来说，思维导图明显占有优势。无论是在记录的时候，还是在复习的时候，使用精练的关键词都可以帮助我们节省大量的时间。

东尼·博赞的书中曾写道：与线性笔记相比，思维导图节省记录时间 80% 左右，节省复习时间 50% 左右。

2. 线性笔记：繁复，较低效

线性笔记记录速度慢，这个我们都有体会。在听课的时候，我们如果只顾着做笔记，就很可能错过老师新讲的重要知识。而且，忙着做笔记，会让我们很容易头昏眼花、手痛肩酸。

更让人痛心的是，我们时常没有时间和兴趣，回看我们当时辛苦写好的一大堆笔记。结果，做线性笔记变成了"食之无味，弃之可惜"的鸡肋。

五、阅读对象

1. 思维导图：偏向记录者

思维导图也有它的局限性。由于思维导图记录简练,信息量庞大,个人创作性很强,所以它更适合由记录者本人阅读。

记录者回看思维导图的时候,会很轻松地勾起大量回忆。比如,"这个关键词是从哪里提炼出来的""我写这个分支的时候,想到什么东西""这个图标,我当时想表达的意思是""绘制这张思维导图时,我的心情和状态是",等等。

这些丰富的内容,都蕴含在思维导图当中,没有直接通过语言写在纸上。所以,旁观阅读者更在乎思维导图画得是否可爱有趣,看起来是不是很漂亮,而无法体会到记录者当时隐含的信息。所以,我们如果想让更多的人来阅读自己的思维导图,最好可以尽量地美化,并增加色彩和图画。

2. 线性笔记：适宜笔者和他人阅读

线性笔记虽然繁复,但是记录者会尽可能将所有信息都直接写在纸上。

由于线性笔记缺乏想象空间,也没有延展性和层次性,缺乏像思维导图那样的引申联想作用。于是,这要求我们一五一十地将每个想到的字都写下来,否则,记录者自己的很多灵感也会忘记。

所以,线性笔记虽然让人看着有负担,但是它会把信息记录得更直白。

总结一下,思维导图和线性笔记各有特色,各有价值。当我们善用每一个记录工具时,生活就会变得更富色彩。

第四节　成长的过程

思维导图是一个具象的事物，也是一种生活的习惯。

我们开始接触思维导图的时候，大多出于一些急功近利的目的。比如，希望成绩快速提升，希望一天读三本书，或者希望脑力迅速提升等。或者误认为，"思维导图"是灵丹妙药，吃下去病马上就好了。或者觉得"思维导图"是阿拉丁神灯，一接触就能发生神奇的事情。

但实际上，思维导图的神奇和美妙是我们在坚持使用之后，慢慢体会到的。我们需要经历长时间的独立思考和分析作图，才会逐步养成这个好的思考习惯。

所以，下面我从三个角度来讲讲思维导图的成长过程。首先是成长的影响因素，其次是阶段性成长特点，最后是思维导图应用的各种连带效应。期待大家对自己更有耐心，对使用思维导图多一份坚持。

一、影响因素

思维导图是自己当下思考的一个反映，没有唯一的优劣衡量标准。当下我们思路清晰，思维导图就清晰；当下我们情绪烦躁，思维导图就会反映出较混乱的思路。

不过，对于自己而言，有许多因素会影响到我们制作思维导图的水准。我们可以通过了解主客观因素，来找到自己思维导图技术的提升方法。

1. 客观因素

（1）背景知识架构。

如果制作思维导图的主题是在自己熟悉的领域之内，我们很容易分析和找到关键词。如果我们对很生僻的领域进行思考，就算擅长绘制思维导图，也可能无从下手。比如，分析陌生的航天科学文章，或策划电影拍摄等。

所以，自己的原有知识架构与知识储备对于我们绘制一张思路清晰的思维导图来说，起到基础性的支持作用。

（2）时间充裕度。

这很好理解。如果时间仓促，绘制的思维导图质量会受到影响。而给自己充分的思考时间，并制订合理的计划，对学习思维导图都是有利的。

(3) 绘图环境。

环境对我们绘图的影响不能忽略。

很多人喜欢独自在一个安静的空间，绘制思维导图。因为如果旁边有很多人在吵闹或旁观，绘制思维导图时会很容易有压力。所以，建议大家每天都给自己一些独处空间，用于整理自己的思绪。

2. 主观因素

(1) 当时状态。

情绪对思维导图的创作有极大的影响。当我们精神饱满、内心愉悦的时候，绘制思维导图有更多灵感；如果我们烦躁不安，制作思维导图就变得比较困难。

所以，请在自己精神和身体状态允许的情况下进行学习和思考。过度的疲劳会直接影响效率。

(2) 目标清晰度。

思维导图的"导"字，强调的就是思考的方向感。

如果我们很清楚"自己要什么""什么最关键"，那么思维导图能快速帮我们找到行动方案；假如我们生活总是很迷糊，从不习惯明确目标，那么思维导图将很难开始绘制。

不过，可以肯定的是，随着使用思维导图的深入，我们的目标感会得到培养。

(3) 练习频率和时长。

"天才 =1% 的天赋 +99% 的勤奋。"就连天才都需要勤学苦练，我们有什么可能不经过努力就做好一件事情？

思维导图的绘制能力与练习的频率和时长密不可分。如果我们在日常工作、学习和生活中，经常准备一个笔记本，随手画画自己的思路，思维导图机能会快速进步。

（4）自我总结能力。

如果成长可以简单地与练习数量画等号，那么生活将少了很多乐趣。成长需要有悟性。我们既然是在学习一个提升思维能力的工具，很显然善于总结将让我们事半功倍。

同时，建议每次绘制的思维导图都标上日期，方便我们了解当时的思维状况。这样，我们可以定期地回看分析之前的思维导图，客观了解当时的思维状况，得到新的启发。

（5）阅读习惯。

拥有持续阅读习惯的人将更容易提升。因为阅读时绘制思维导图会让逻辑分析能力得到锻炼，这有利于我们复制各个学者的优势思维，也为自己的后期思考储备素材。

所以，建议大家通过思维导图分析书籍入门，并设定中长期阅读计划。

二、阶段性成长过程

1. 绘图能力

第一阶段，绘图很难看。不是中心图太小，就是分支很瘦弱或很紧密，而且绘制技法也较生疏。

第二阶段，布局不合理。经过一段时间的使用，思维导图的基本绘制技巧我们已经掌握，但对于预测空间与均匀合理地布局，还是很困难。

第三阶段，美观平衡。终有一天，我们会发现，绘图的平衡和布局的合理都能轻松做到。不需要刻意地思考，分支的延伸就可以分布在每个空缺的角落。

2. 写关键词的能力

第一阶段，找不到关键词。开始时，我们可能感觉无从下手，对关键词这个概念不能很好理解。

第二阶段，每个都是关键词。习惯了线性思维的我们，刚开始总是不舍得放弃一些词语，感觉每个词都是关键词。

第三阶段，简练记录关键。我们逐步会熟悉自己的思考方式，了解自己提炼关键词的特点。在阅读和策划的时候，都可以恰如其分地写出关键信息。

3. 归纳总结能力（阅读）

第一阶段，照搬目录和内容。由于我们日常习惯了"听话照做"的思维方式，所以刚开始使用思维导图进行阅读整理时会很困难。

第二阶段，小程度整理。我们慢慢开始能够进行一些整理工作，将一大段信息提炼成一个知识架构，但较费脑力。

第三阶段，融合自己的思想。经过10本以上书籍的阅读整理，我们可以做到一边收集作者的信息，一边融合形成自己的知识，画出结构清晰的思维导图。

4. 分析策划能力

第一阶段，迷糊。我们知道要做什么，但却不清楚怎么分析目标与制订行动方案。

第二阶段，了解计划的基本架构。比如，策划需要有"目标""行动步骤""执行人""时间节点"等要素，但还是不擅长将计划做得很细致。

第三阶段，形成自己的风格。我们慢慢可以通过思维导图了解自己策划的风格和思维特点，然后形成适合自己的分析方法。

三、连带效应

1. 注意力集中

目标清晰之后，思维有了聚焦点，自然注意力就集中了。

我们日常很容易被他人或环境影响，是因为我们的思维没有焦点，处在游荡当中。一旦我们很清楚自己要做什么，为什么做这件事，分几个步骤做，什么时候要做到……思维自然专注了。

阅读也是一样，漫无目的地翻书，只会让我们快速进入睡眠状态。如果我们一边看书一边带着分析任务，阅读就变成了一个"寻找金矿"的过程。

2. 记忆力改善

在大脑开发领域的一个常识是："注意力等于记忆力。"

很显然，我们精神能量投入在哪里，成果和记忆就在哪里。当我们使用思维导图牵引自己的思考时，注意力聚焦，记忆和印象就变得深刻了。

3. 思维能力提升

一方面，思维导图会改变我们的"思考方式"。过去死板的"线性思维方式"会自动升级为灵活的"发散性思维方式"。我们会很容易发现，每个问题有三种以上解决方法，每句话有三个以上的理解和表达方式，事情有多个侧面……

另一方面，思维导图会增加我们的"全局观"。任何事物都有"一个中心"，任何事物都有"有机组成部分"。我们说话的时候，大脑中的主线会变清晰；思考问题的时候，影响因素考虑得更全面；阅读的时候，作者写作脉络更清楚等。

总结一下，量变到质变。我们会逐步从"学习技法"发展到"学会应用"，再从"灵活应用"变成"深度理解"。可见，学习思维导图的制作，没有终南捷径，但有科学方法。

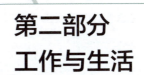

第二部分
工作与生活

第三章　工作策划中的应用
第四章　阅读让思维起飞
第五章　思维导图与时间管理
第六章　会议思维导图

第三章　工作策划中的应用

科学地将思维导图用于工作和管理,可以帮助我们提升效率。这一章我们就从五个方面来探讨这个话题。第一节我们来聊聊日常工作中会遇到的各种思维困境,以此引入思维导图的价值;第二节侧重与大家分享一个有代表性的思维导图实用模式:"万能导图"模式;第三节会从多个工作策划案例入手,让大家直观地感受思维导图的应用方法;第四节,我们回到理论的层面,探讨一下"策划型思维导图"的三个制作理念;第五节我们一起来了解一下各种策划管理思维导图,它们大多来自经典的 MBA 教程。

第三章 工作策划中的应用

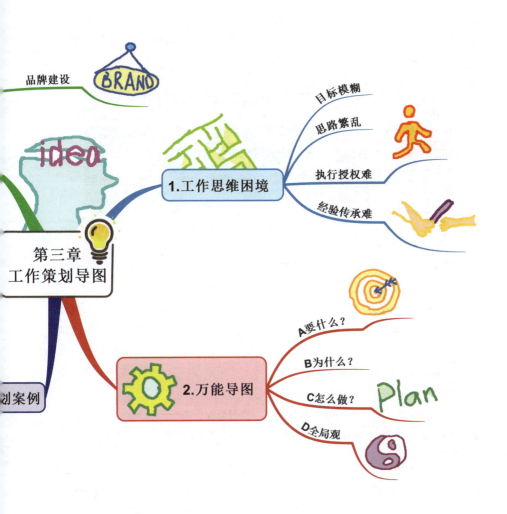

第一节 工作中的思维困境

很多时候工作是由大大小小的阶段性项目组成的。每个项目都有它的自然发展阶段，比如，项目前期、项目中期与项目后期。这一节列举了日常工作中项目进行时可能会遇到的问题，并与大家一起探讨改善方法。

一、目标模糊

日常工作中，尤其当我们应对大型项目策划的时候，目标时常是一个模糊的概念。我们习惯于凭感觉做事，而不是事先就有了系统的规划。

"项目最终要做成什么样子，有哪些效果指标？""到底想为企业和社会带来什么具体价值，有没有 10 年规划？"对于这些问题的思考，很多时候都是欠缺的。

但事实上，如果初衷和方向不清晰，我们的行动很容易失败和走样，甚至最终导致项目或企业的半途而废。

在这一点上，思维导图可以发挥作用。我们可以建立一个目标体系，从多角度探索行动的目标、行动的价值要点和不同时间点的未来图景。

二、思路多而繁乱

很常见的一种情况是，我们在工作时并不是完全没有思路，而是思如泉涌，内心澎湃。但是，却经常没有花时间静下来厘清头绪和灵感，分清事情的先后主次。

我们之所以会如此思绪混乱，首先是因为思维本身就是一个活跃易变的事物，如果我们没有将它们快速捕捉和整理，许多好的灵感稍纵即逝。

这个现象会出现在项目的计划阶段，也会出现在项目的实施阶段。于是，领导思维的灵活和善变，有时并没有给项目带来很多价值，反而使执行团队行动混乱，倍感挫折。

思维导图同样适用于这样的场景。领导者如果懂得使用思维导图规划行动，思路将更有条理，领导的连续性也会更好。就算中途有调整和变更计划，领导者也可以快速地用思维导图制订新的行动方案。

三、难以授权和执行

好的思路和创意，难以执行到位。

我们在工作和项目管理的过程中，执行团队时常会有无力感或受到外界的干扰和影响。比如，客观条件的限制、合作人员的变故和自身能力的不足等。

如何可以协助执行团队排除万难，顶住压力，并坚持领导者的计划和方向，这是一件非常重要的事情。我们发现，清晰的计划和安排让执行变得简单，而随意地分配工作必然导致执行走样。

善用思维导图，可以让我们更轻松地执行。因为我们可以通过思维导图来规划每一步的行动要点，预测每一个环节的目标结果，以及达成目标的具体时间节点。

四、经验难以传承

团队中的工作经验是一种宝贵的资源，它是通过大量成本付出换来的成长。那么，我们如何将成功的项目经验更好地保存下来，以便于后期团队的发展壮大？

在许多企业中，成功的经验都很难复制，团队的内训效率也较低，甚至很多工作岗位都没有系统的工作手册。

在这种情况下，我们可以利用思维导图做两件事情。一是将每次成功的项目管理导图保留下来，并借助思维导图总结和完善工作流程；二是让团队成员合力绘制详细的部门工作图，里面有工作流程、岗位要求和部门核心功能等。这样部门的工作手册雏形就形成了。再将它整理为详尽的文字版内容，工作手册就完成了。

熟练使用思维导图之后，我们可以沉着地启动项目，因为一切发展变化都有预案；冷静准确地在执行过程中调整和应变；并在项目结束之后，有据可循地科学总结和备案。

这为我们的工作从"机械应对"的方式转变为"系统规范"的方式奠定了良好的基础。

第二节　"万能导图"模式

"万能导图"模式并不是真的万事万能，而是它的理念能用于很多工作和管理中。我们可以完整使用"万能导图"模式，也可以借助它的一个部分进行自我创新。"万能导图"共分为四个步骤："要什么""为什么""怎么做"及"回顾全局"。

一、要什么

行动之前如果没有想好"要什么"，将会让我们有重大损失。所以，以下给出三个探索内心目标的思考方向：1.设定精确目标；2.SWOT态势分析；3.时间线预测。

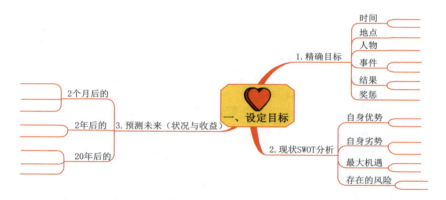

1.设定精确目标

包括什么"人"（执行人和负责人），在什么"地点"（具体场景），做什么"事项"（行动要点），在什么"时间"做（一般以一年为时限设定精确目标），达到什么"目标结果"，如何"奖惩"及"成本预算"。

2.SWOT态势分析

就是引导自己对目标的实现进行态势分析，让我们在行动前对外在局势和自身情况都有所思考。比如，自己内部的"优势"是什么，"劣势"是什么，外在环境的"机遇"有哪些，"风险"在哪里。

有时我们会因为某些点被激发，而不断延伸思维导图。完全没问题，甚至可以从这个爆发点引出整个计划思路（所以，暂且忽略美观与平衡布局，关注激发灵感）。

3. 时间线预测

包括展望"2个月之后"的情况，"2年之后"的情况和"20年之后"的情况。

时间是一个神奇的事物，可以让我们拥有伟大的梦想，也可以帮助我们看清自己真正的方向和需求。这个预测时间轴的思路引发，很多时候会让我们重新修订之前设定的目标。因为我们放长时间思考后，内心的目标更清晰了。

每个在思维导图上的点，都是一个思路的探索方向。我们可能因为某个地方激发了灵感而考虑多一些，也可以因为某个地方不太重要而快速地跳过。

二、为什么

不清楚使命，就难以清晰行动的目标。那么，如何让自己厘清行动价值，找到行动的使命感呢？我们可以从以下几个方面思考，如下图所示。

1. 对于企业和组织

"这个行动，对组织会带来什么价值？"

2. 对于个人

"这个行动对个人将带来什么价值？"比如，对自己，对每个团队成员，对家人朋友……

3. 对于社会

"这个行动对社会的价值点是什么，会对社会发展有什么帮助？"

4. 对于地球

甚至我们可以进一步提高立意，"这件事情对我们生存的地球，将带来什么影响和价值？"

这些思考看似缥缈，但有时它们是找到行动方向和明确目标的关键。

三、怎么做

当我们想好了目标，也弄明白了行动使命，下一步就是执行了。对于厘清执行的思路，以下推荐几个思维延展的方向："人力资源"整合；"物力资源"整合；"财力资源"整合；"媒体资源"整合及"时间表"制订。

行动其实就是一个资源整合的过程。

除了最基本的资源"人、财、物"的整合外，我专门把"媒体资源"作为一个独立分支来进行发散思考。因为这个部分有时对行动有特别的价值，而且也需要单独统筹。比如，我们可以为行动选取一个专门的"新闻发言人"。

时间资源是与其他资源相对的一个维度。当我们从空间维度思考了行动计划之后，就需要在时间维度上重整一下，如将整个行动过程分为几个阶段。

四、回顾全局

这个步骤跳出了基本的行动计划的逻辑，是对整个计划做一次提升：思考"整个计划成败的关键点在哪里，计划中有什么遗漏。"

1. 关键核心

因为计划成与败的其中一个标准，就是我们是否有达成既定目标。所以，思考行动关键点，就是思考"哪些因素对目标的达成最重要"。

在此，建议只列出前三位最重要的因素，作为行动的关键点，然后用思维导图发散思考："如何成就这三个关键？"（每级联想都建议不超过三个因素，这样就形成了一个关键因素推理链条）

2. 遗忘

关于遗漏的思考也很有趣，因为这是一个自问自答的机制。这个补充的问答，有时能为我们找到刚才思考的盲点，给自己一个温馨提示。

将上述的内容总结成一张思维导图，就如下图所示。

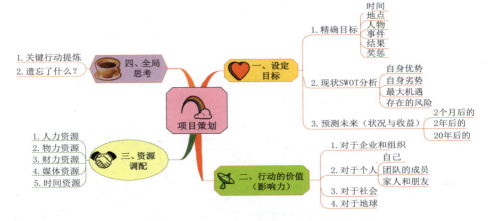

这是一个较为完整的思考系统。我们可以一次性思考完所有结点，也可以选择性地根据自己的需要思考其中一部分结点。增、减、创新，都根据个人爱好。

我们在完成"万能导图"之后，需标上年月日，以便日后回顾。因为很多想法是在第一次启动思考之后，逐步清晰和修正的。

最后，补充一点：认真做计划，但不要对计划太认真。就是既要重视，又不能太重视。因为计划可以让我们清晰思考，行动有纲，但依赖计划或缺乏应变，必然导致行动失利。所以，厘清思路，然后跟随心的指引。

第三节 工作策划案例

这一节我们会通过多个案例,一起来感受一下如何使用思维导图进行策划。第一部分是活动策划的案例,里面包括圣诞晚会、两天企业研讨会和龙舟赛策划;第二部分是利用"万能导图"模式进行爱心义卖活动和餐厅创业的策划。

一、活动策划

日常工作中,我们时常需要组织一些小型活动。这些活动注重组织过程和活

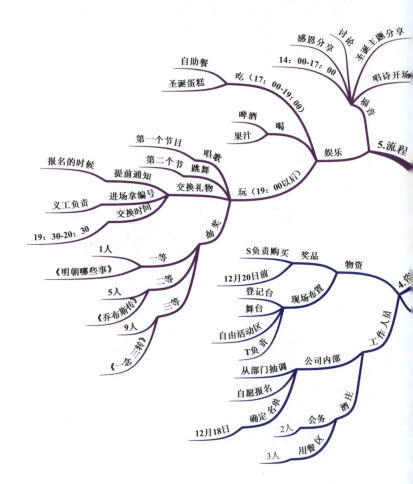

动流程，同时主题和目标较为明确单一。这时，我们可以直接用思维导图安排活动细节，让执行变得清楚。

1. 圣诞晚会

晚会的整个计划分为五部分："主题""时间地点""前期准备""资源"和"流程"。图中将重点放在"前期准备"和"流程"上，关于"主题"，只写了几个字：JOY AND LOVE。

从图中我们可以了解到，这个圣诞晚会类似于一个员工聚会。因为它是由企业来组织的，并邀请员工和家属共同参与的活动。同时，策划者对圣诞的故事较为感兴趣，下午的加场中还有一个关于"福音"的板块。

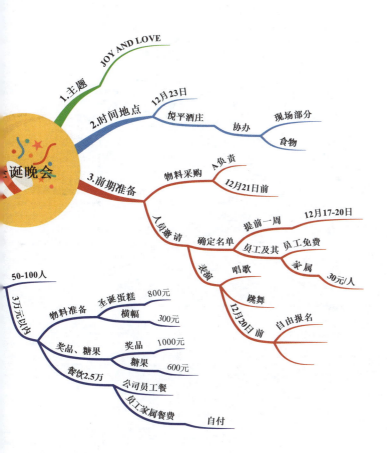

2. 外出研讨会

为期两天的"企业研讨会"比"圣诞晚会"的活动时间更长，但计划思路是相似的。内容分为"主题""人员""统筹"和"日程安排"四部分。

具体来说，活动的"主题"是总结年会；"统筹"部分包括了衣、食、住、

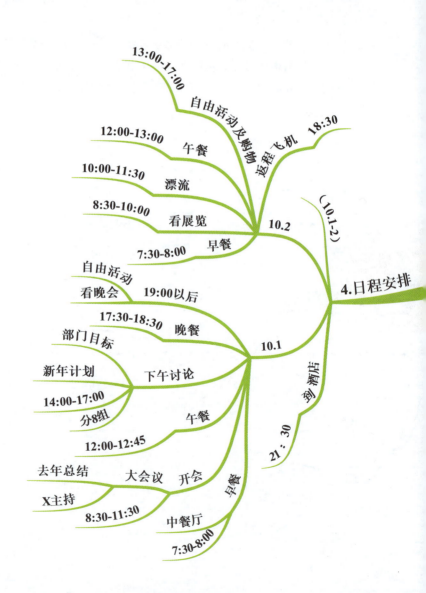

行和费用预算,并设定由 D 来负责安排;"日程安排"里面分为三部分——前一天晚上到酒店,第一天以工作学习为主,第二天以游玩和购物为主。

这样的一张图,不单可以协助组织者厘清思路,也很便于我们组织和安排工作。如果发现一次作图并不能把所有问题考虑周全,我们可以不断修改和完善思路。

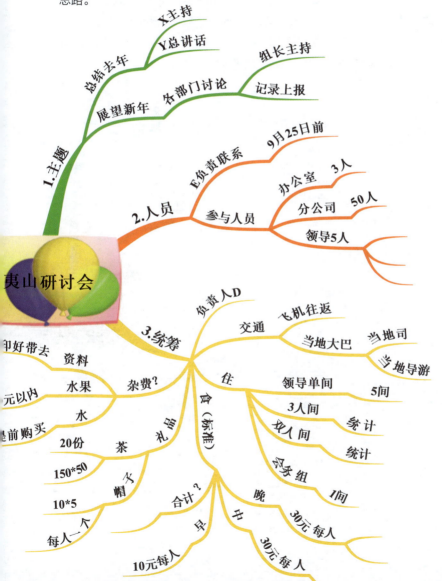

3. 龙舟邀请赛

这是我的一个学员在参加三个月思维导图内训后，用思维导图在实际工作中策划"2007年广州国际龙舟邀请赛"时制作的图。

他将整个活动的安排分为三部分："筹备工作""现场工作"和"收尾工作"。同时，在思维导图中以扩展链接的形式，附带了每次会议的时间和内容流程的文档内容（我们点击图中的小图标，就可以在电脑软件中展开文档进行浏览）。

这样组织信息使复杂的流程和多个文档都统一在一个体系中，既方便阅读者浏览，也可以用作活动的备案，为后期策划提供参考。

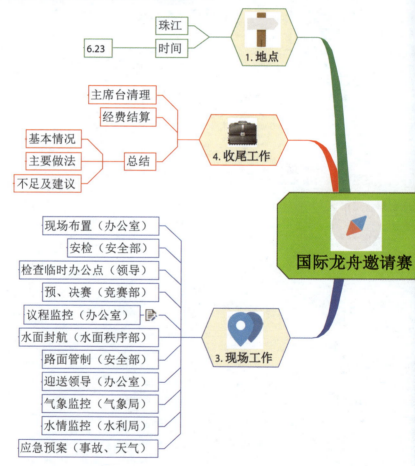

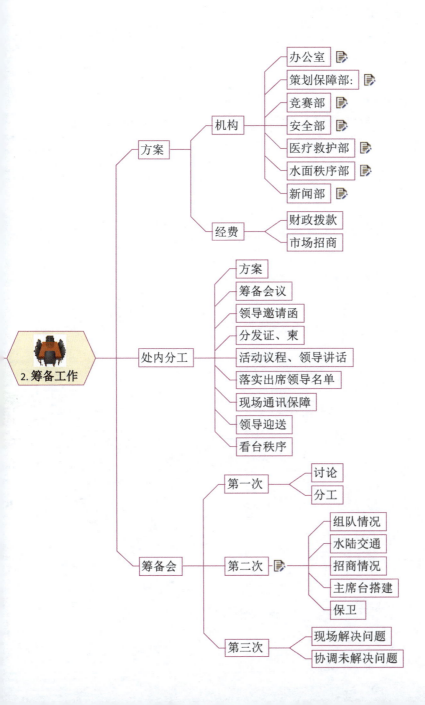

二、"万能导图"策划案例

"万能导图"的一个亮点,就在前期的"方向探索"上。我们可以通过不同角度反复搜索思路,最后清晰构建自己想要的未来图景。

1. 爱心义卖

第一步,设定目标,如下图所示。

首先思考"精确目标是什么",即策划者准备用三天时间,做一个爱心义卖。希望达成 50 万元的筹款目标,用来为贫困学校建设互联网教室。

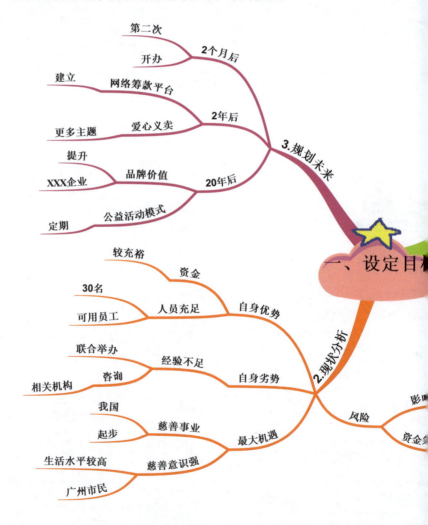

然后，策划者将自己的目标沿着时间轴拉伸："2个月后，希望继续举办类似的活动"，"2年之后，想建立筹款平台"，"20年之后，希望通过定期活动，提升企业品牌价值"。

接着，策划者进行 SWOT 现状分析。策划者发现自己的优势是人力和财力，劣势是经验不足。于是计划通过"联合举办"，来弥补这一劣势。同时，还发现外部机遇是民间公益意识的提升，风险是筹资困难。所以，决定邀请有经验的主持人来加盟义卖，以此改善这个问题。

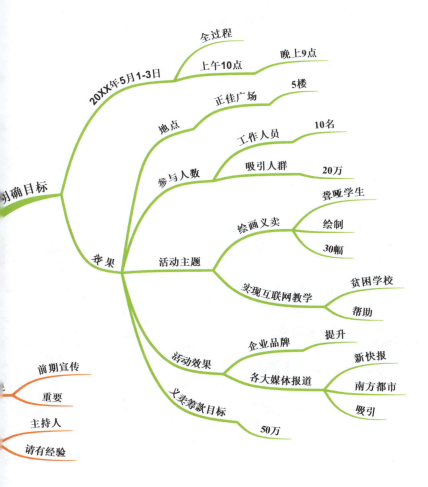

第二步,策划者从义卖的价值角度进行思考。

策划者认为义卖活动对企业的价值是提升知名度,减少广告成本,同时扩大客户群;对个人的价值是提升个人品牌,并有助于联络朋友关系;对社会的核心

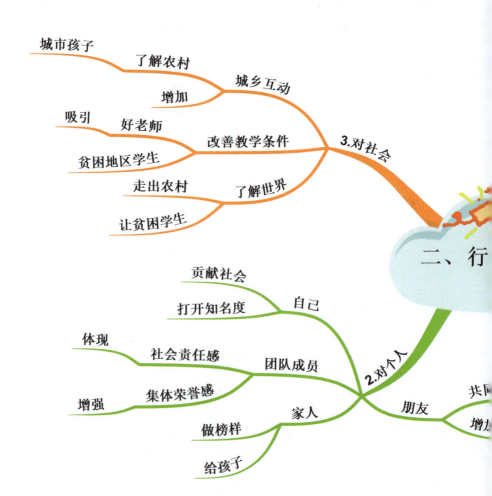

价值是为山区孩子打开更大的世界,并增进城乡孩子的互动等。

通过这样的思考,策划者对活动的定位和意义进一步清晰了。

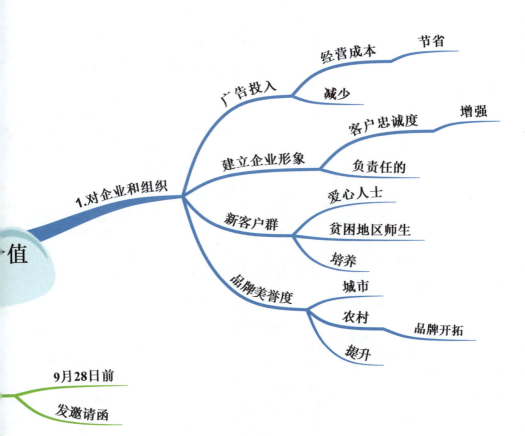

第三步，策划者用思维导图将整个活动的要素进行整合。

首先，从人力资源角度，分为"活动筹备""场地布置""现场组织"和"媒体接待"四个部分进行人员配置。

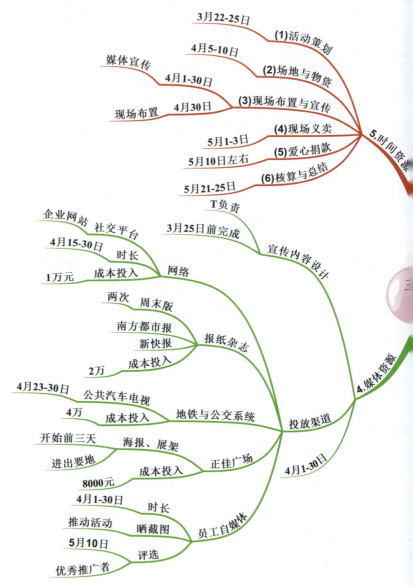

其次，从物资角度，策划者分为"绘画作品""公司宣传资料""义卖项目介绍资料""桌椅"和"音响设备"五部分，并设定了物资准备的完成期限。

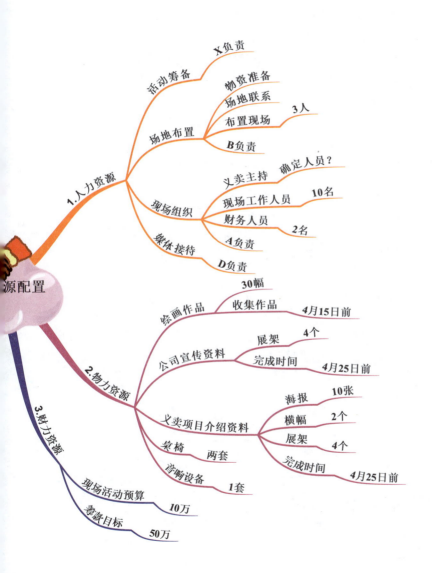

然后，从财力资源的角度，思考了"现场活动预算"与"筹款目标"这两点。

接着，从媒体资源的角度，分成"宣传内容设计"和"投放渠道"两个部分，同时确定了专门负责人是T。并把"投放渠道"进一步分为"网络宣传""报纸杂志宣传""地铁与公交系统宣传""现场宣传"和"员工自媒体宣传"五部分进行计划，设定了具体的宣传时段。

最后，从时间角度，将整个活动的发展按照六个阶段进行划分。里面除了有活动的四个基本流程外，还包括了"前期筹备"和"后期核算与总结"这两个流程，让活动可以很好地承先启后。

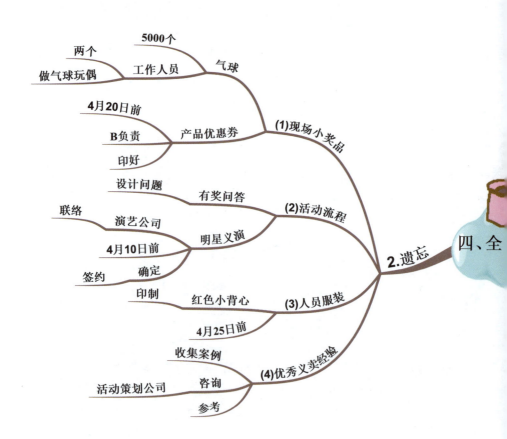

第四步,全局思考,就是在完成整个计划后的回顾思考。

在此,策划者思考了"要达成三天 50 万元的筹款目标的关键是什么"这个问题。他认为关键是"宣传资料设计""媒体宣传"和"现场活动控场",并具体梳理实现的对策。

除此之外,还要反问自己,"刚才遗漏了什么?"然后他有了新的收获。比如,"现场小奖品""活动流程细化"和"统一服装"等灵感。这是跳出自己思维惯性的好方法。

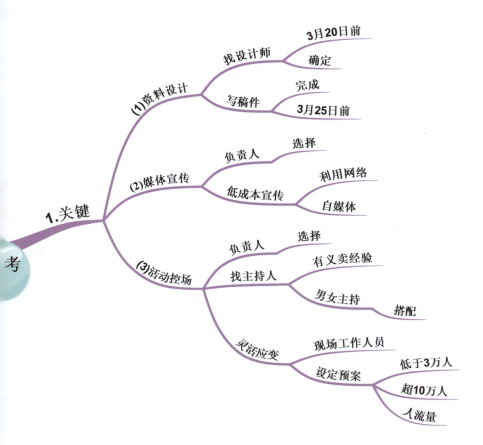

在实际操作中,我们可以只制作某个步骤的思维导图,也可以完整思考一遍,并在一张图中体现。全图完整的表达如下页图所示。

爱心义卖策划

一、明确目标
- 20XX年5月1-3日
- 地点
  - 正佳广场
- 参与人数
  - 工作人员
  - 吸引人群
- 活动主题
  - 绘画义卖
- 活动效果
  - 实现互联网教学
  - 企业品牌
- 义卖筹款目标
  - 各大媒体报道
  - 提升
  - 50万

2. 现状分析
- 自身优势
  - 资金
  - 人员充足
- 自身劣势
  - 经验不足
- 最大机遇
  - 慈善事业
  - 慈善意识强
- 风险
  - 影响力不足
  - 资金筹集

3. 策划未来
- 2个月后
  - 第二次
- 2年后
  - 开办
  - 网络筹款平台
- 20年后
  - 爱心义卖
  - 品牌价值

四、全局思考

1. 关键核心
- (1) 资料设计
  - 找设计师
  - 写稿件
  - 负责人
- (2) 媒体宣传
  - 低成本宣传
  - 负责人
- (3) 活动现场
  - 找主持人
  - 灵活应变
  - 气氛

2. 遗忘
- (1) 现场小奖品
  - 产品优惠券
  - 有奖问答
- (2) 活动流程
  - 明星义演
  - 红色小背心
  - 4月25日前
- (3) 人员服装
- (4) 优秀义卖案例
  - 收集案例
  - 咨询
  - 参考

1. 人力
- 活动筹备
- 场地布置

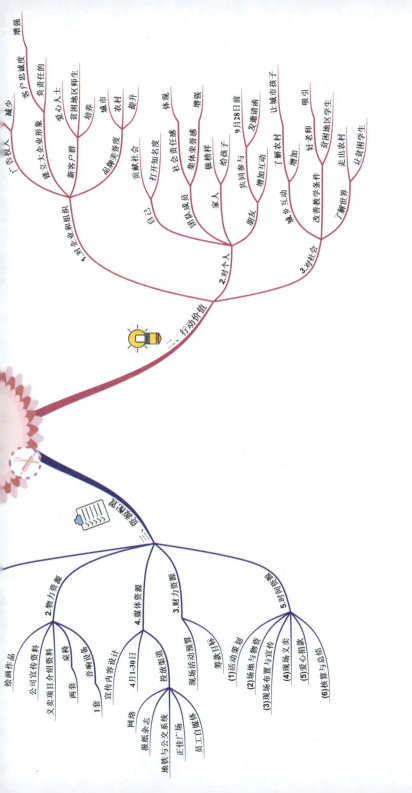

2. 粤菜餐馆

这是一个创业策划的模拟思考。假设我们准备开一个餐馆,如何使用"万能导图"进行策划呢?一共分为以下四步。

第一步,思考目标设定,如右上图所示。

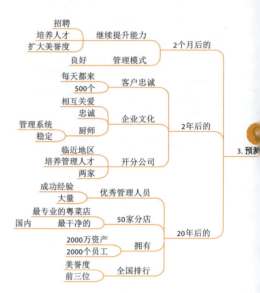

策划者的精确目标是:在海口开一家粤菜馆,投入50万元,并希望1年内实现盈亏平衡。

接着,他通过预测未来的环节,发现自己希望"2个月之后"形成良好的管理模式;"2年后"拥有大量忠诚的客户,并可以开2家分店;"20年后"可以让20家分店遍布中国一、二线城市。

然后,通过SWOT分析,他认为"自身的优势"是来自广东,"劣势"是缺乏经验;"机遇"是竞争较少,"风险"是不了解当地人口味。于是他就进一步延伸了多个应对方案。

第二步,他对自己的行动价值进行思考,如右下图所示。

他认为餐馆实现第一年回本的目标,首先对企业的发展来说是一个重要的基础;同时,对于个人,也是实现家庭梦想的前提;并且,他进一步发现,粤菜馆对社会的价值——不单是一个愉快的用餐场所,还是一个粤式饮食文化的传播点。

于是,根据这个启发,他计划印刷具有特色的文化宣传册,并制作文化宣传短片。

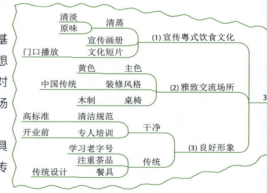

第三章 工作策划中的应用

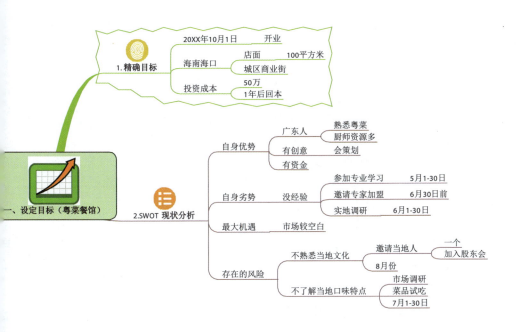

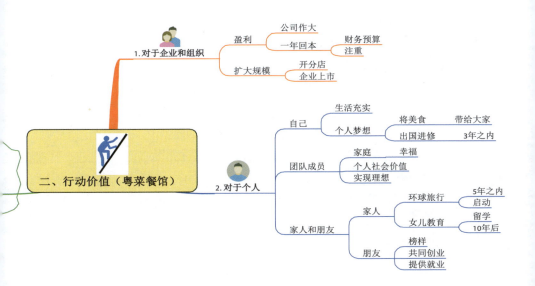

第三步，将整个创业筹备的过程进行梳理。

右上图包括"人力资源""物力资源""财力资源""媒体资源"和"时间资源"五个部分。我们可以看到，图中每个环节都设定了对应的完成时间和具体的负责人。这使计划有了执行的标杆。

完成这样的计划之后，策划者完全可以通过过程监管的方式，将很多具体事务授权给他人执行。

第四步，策划者跳出细节思考，重新回到全局进行观察，如右下图所示。

要达成在海口商业街开粤菜馆，并在1年内回本的目标，关键点是什么？他找到三个关键点："销售""管理"和"品质"。接着，策划者进一步思考，认为实现保障销售能力的方法是参加学习和邀请专业团队协助；提升管理能力的方法是向优秀企业学习；提升粤菜品质的方法是制订严格的卫生标准和良心用材。

最后，他反问自己："还遗忘了什么？"于是，他发现"个人健康""餐饮协会"和"市场调研"三个点，并设定了对应的实现方法。

相信我们每个人问完自己这个问题之后，都会得到一些好的答案，帮助克服盲点。下页图是总图。

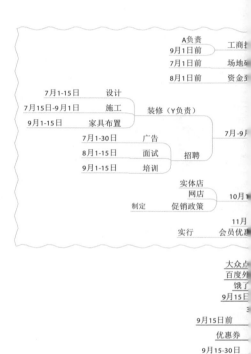

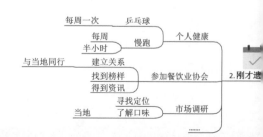

第三章 工作策划中的应用

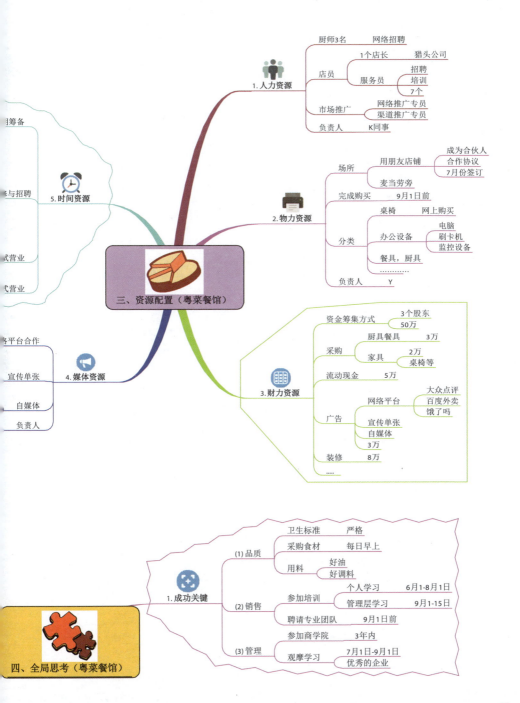

（万能思考图）
粤菜餐馆

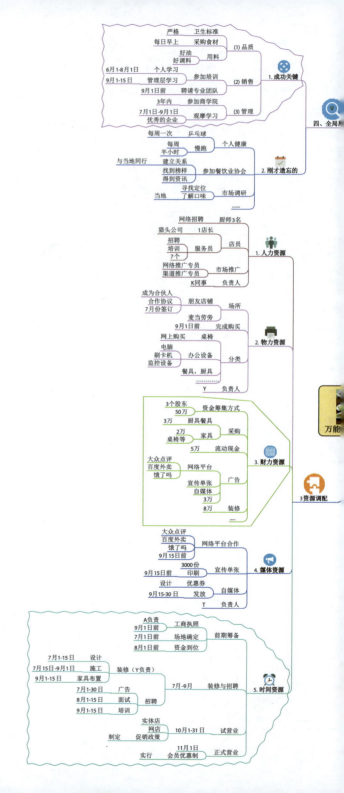

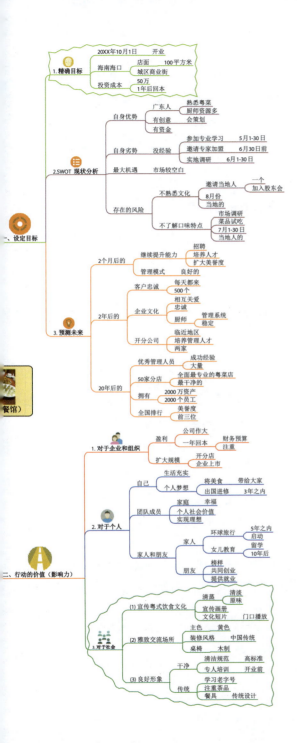

总结一下，可以发现，"万能导图"既能用在大项目的策划上，也可以用在小活动的筹备中。同时，没有最好的策划，只有最适合当下自己的策划。

"万能导图"传递了制作思维导图的两个要点。

一是"引导思路"。我们不单要学会画分支，还需要学会思考的方法。这样，思维导图才能帮助我们更好地引导思路。

二是"无限延展"。当思路打开了，我们就需要一直探索和延伸，直到所有要考虑的元素都包括在内为止。尤其是要清楚设定，完成每项工作对应的负责人和时间点。

第四节 "策划型导图"的制作理念

当我们要对工作中的一个项目进行全方位策划时，思维导图可以给予许多帮助。但如果没有良好的制作指导理念，思维导图只是增加了我们的绘画技能，并没有改善我们的策划才能。

这一节会从思考四环节、重要性排序和执行六要素三个方面来探讨"策划型导图"的制作理念，让我们可以既懂得实操，又能把握其内核。

一、思考的四个环节

"现在给你 15 分钟时间，请用思维导图制作一个生日晚会的策划。"当我在培训课上布置完这个任务之后，大家都开始努力地用思维导图画分支。然后，当我问是如何策划的时候，会发现：

有的伙伴粗略地梳理了"邀请谁，什么时候开始举办，基本流程有哪些……"

有的伙伴很仔细地写了生日晚会的完整构思："几点开始，第一个环节做什么，第二个环节做什么，第三个环节做什么……"

也有的伙伴考虑得很周到，不单考虑了生日晚会的基本内容，还考虑了组织过程："活动成员如何接送，生日活动经费开支……"

但很多时候，我们制作策划型思维导图时会忽略一个重要问题，那就是："我们到底想办成一个什么样的生日晚会，要达到的理想效果是什么？"

1. 目标

是的，对于活动策划思维导图，我们首先需要画出的一个分支是"方向"，或者叫"目标"。所有的策划思路和活动设计，都是为我们的"活动目标"服务的。因为我们是为了达到某个理想的目标效果，才设计相应的活动安排。

比如，如果我们生日晚会的策划目标是："让寿星开心"，那么，我们策划的内容安排，就需要围绕"哪些是寿星喜欢的活动"这个问题展开绘图。

如果我们生日晚会的策划目标是："要给寿星一个惊喜"，那么，我们策划内容时，重点要分析"寿星日常生活轨迹如何""什么对她（他）来讲会是意料之外的""如何设计制造惊喜的过程"这些内容。

而如果我们生日晚会的策划目标是："想让生日晚会成为所有人交流的机会"，这时，我们在思维导图上画出的探索分支就变成："邀请群体的特征分析""如何为晚会客人营造自由的交流氛围"，以及"如何设定晚会时间、场所和内容，吸引更多人参与"等。

2. 思考四环节

使用思维导图策划时，第一个重要理念就是：思考包括四个环节——设定目标、制订计划、过程监控、经验总结。思维导图在四个思考环节发挥不同的功效。

在"设定目标"环节，思维导图帮助我们探索目标。

在"制订计划"环节，思维导图的作用是让我们把握过程执行的每个细节。

在"过程监控"环节，我们可以随时通过思维导图了解整个活动的进展，把控每个过程要点，以便于我们可以及时做出有利于全局发展的调整。

最后，在"经验总结"阶段，思维导图变成了活动的档案资料。我们可以用新的颜色的文字标注活动经验，也可以在下次举办类似活动时，将这张思维导图变成我们策划的基础蓝本。

二、重要性排序与提问

任何项目和活动的策划，都会涉及大量细节工作内容。那么在制作思维导图时，如何进行有效的聚焦，使自己有限的时间、精力和注意力都得到合理利用呢？

这里就讲到另一个思维导图策划过程中的关键理念：重要性排序与提问。

如果我们缺乏这个步骤，而只知道使用思维导图不断地分支、细化、探索，那么事情只会越来越复杂。所以，不是用了思维导图，就会思路清晰，而是科学使用思维导图，才能有效引导思维。

1. 重要性排序

首先，当我们一次性将大量工作用思维导图发散出来之后，就要开始进行重要性排序。也就是将我们所有想到的"point"进行编号。1号，是最重要的事情；2号，是次重要的事情……直到把所有想到的工作内容都完成编号为止。

不管一共有10个还是20个点，我们编号中的前三个，是最为重要的。我们需先完成前三位的工作，然后后续的工作就会自动往前排（这样，永远都有最重要的三件事情，需要先去完成）。

先完成最重要的前三件事的原因来自于"帕累托法则"。法则认为，找到给你带来80%价值的事情是开始行动的第一步。而且，它们只占所有你要做的事情的20%。

那么，什么是对你的策划产生80%价值的事情呢？哪三件事情是应该排在前三位呢？

标准是：与你的行动目标的关联程度。与你行动目标关联性最大的事情，排第一位；关联性其次的事情，排第二位……以此类推，将所有用导图想到的事情进行排序。

2. 重要性提问

重要性提问是思维导图的重要使用技术。这个技术主要用于编号前三位最重要的事情上。我们可以针对前三位最重要的事情，进行纵深性的"重要性提问"。

例如，如果我们找到生日晚会各项工作中最重要的三件事情，分别是"惊喜""温馨"和"蛋糕"。那么，我们可以沿着这个思路继续追问："为了实现惊喜，最需要做的三件事是什么？""为了让生日很温馨，最需要做哪三件事？""要让蛋糕准备得很棒，最重要的三个关键在哪里？"

然后在思维导图上，继续延伸关键词，直到找到实现方案的行动计划为止。

三、成功执行六要素

"思维导图不是关于思维的事，而是关于执行的事"，尤其是"策划思维导图"。我们使用它是为了提高行动效率，让我们缩短世界上最远的距离——思考和行动的距离（从头到脚的距离）。

很多伙伴泛泛地使用思维导图做计划，之后发现跟没做的效果一样。他们会跟我说："老师，我还是执行不了。很多时候，想得很丰富，但是根本落不到行动上！"

或者有的伙伴说："老师，我只要使用思维导图画图，是不是就可以提高执行力了？"

答案是否定的。思维导图制作的成败，与画图是否好看没有太大关系。但与我们是否清晰地思考想法有重要关系。

那么，如何使思维导图真正帮助我们提升"执行力"呢？首先，我们需要了解思维的基本特征。

①思维总是跳跃的。我们经常是刚想着做这个，一会儿又开始想别的了；②思维有"搭便车"的倾向。我们在布置安排工作的时候，如果每个行动没有聚焦唯一责任人，大家都倾向于认为我不做也没关系；③头脑喜欢画面感，行动如果没有勾画出最终的成果图景，我们经常缺乏行动的动力；④每个人的思维都极具个性，没有精确精准的步骤描述，下属的实际执行经常与主观的想象差距甚大；⑤头脑关注趋利避害，适当地设定达成目标的奖励和行动失败的惩罚，对于执行有时很有帮助。

然后，针对思维的这些特征，如果我们要想使用思维导图来提升"执行力"，就需要在图中将所有的行动要点落实、清晰。也就是思维导图中每个行动步骤，都最好要包括以下六个要素：行动时间、行动地点、负责人、具体行动步骤、行动目标结果和奖惩。如果再加上"行动成本预算"，那就更好了。

这样，想法就"落地"了。

想法贵在落地，策划型思维导图贵在明确"执行六要素"。其中，时间点最基础，最重要。没有时间节点的思维导图行动计划，只是一张美术作业。

第五节　经典工作管理导图

这一节我们一起来聊聊关于经典的企业管理思维的话题。我们将会发现，思维导图能把经典的思维过程变成我们日常可用的思维引导工具。我们可以借着智者的翅膀，飞得更高，想得更系统。

当然，我想说，每个管理学大师都有自己的"管理逻辑"，每个专业管理领域也有多种的"知识体系"。所以，没有完美的"思考逻辑"，只有适合我们当下需要的"思考过程"。

一、品牌建设

企业都需要创建和推广自己的品牌,良好的品牌形象价值无限。商业品牌是企业不可或缺的无形资产。那么,如何建设企业品牌?

在此列举一个品牌建设的思考逻辑,可以帮助我们快速厘清行动思路,如下图所示。它来自《品牌管理》的经典教程。

首先是"创建品牌资产"。我们可以通过对"市场"的分析和对"产品"的设计,来找到"品牌"的定位。

比如,"市场"分析的过程中,首先思考"影响产品市场的因素":当前市场的价值趋势如何,商业环境如何,地理位置的影响,消费者群体特点是什么。然后根据这些市场因素的特点进行市场定位:高端产品是什么,中端产品有哪些,

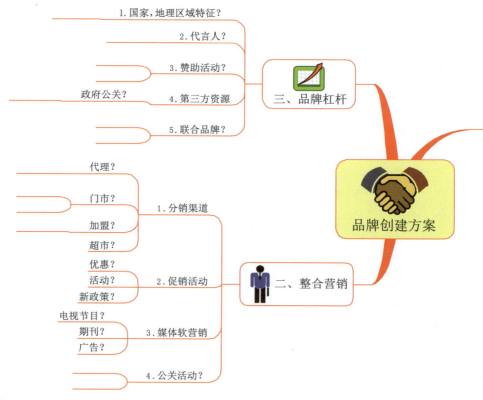

低端产品如何设计；针对第一消费群如何设计产品，针对第二消费群如何设计产品；根据需求点 A 如何设计产品，根据需求点 B 如何设计产品。

"产品"设计的细节：产品定位的要点陈述；近期产品策略，包括主打产品，功能性产品，节日产品，家庭套装，以及产品形象包装设计。

构建"品牌要素"的方法：设计品牌个性；塑造品牌形象；定义品牌内涵价值；以及设计产品情感寄托。

其次，是进行"整合营销"。可以从"分销渠道"设计，"促销活动"策划，

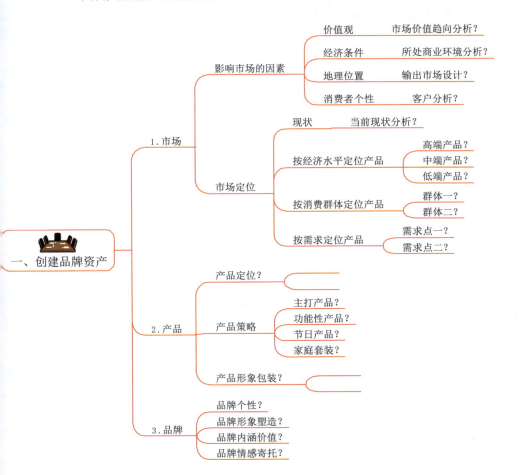

"媒体营销"和"公关活动"设计四个方面，打造我们的品牌营销战略。

比如，设计分销渠道：是选择代理，还是门市，还是加盟，或者超市；设计促销活动：如何优惠，有什么促销新政，进行媒体软营销：设计相关电视节目，在期刊投放软文，其他形式的植入广告；同时，也可以展开一些定向的公关活动。

最后，是使用"品牌杠杆"。比如，可以利用"地理区位优势"，或者邀请名人"代言"，或者进行"政府公关"和"联合已有品牌"等策略，使企业的品牌价值迈上更高的台阶。

可以看到，图中已标注了思路引导语。所以，我们可以借此对自己企业的品牌进行重塑和评估。

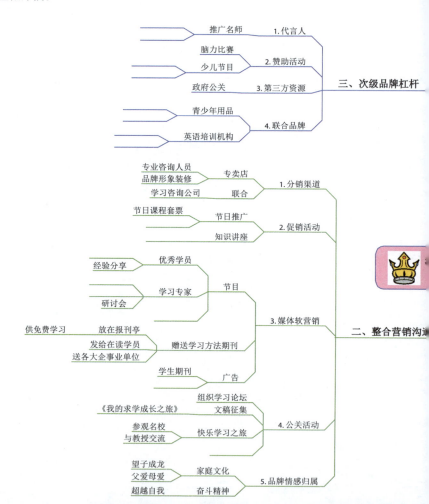

以下这张图就是根据"品牌管理方案"的思考模型延展发散出来的、关于"教育品牌提升方案"的思维导图。我们可以在模型引导下，不断启发思路，让思考更全面。

基本内容与品牌建设的总图是一致的，包括三大分支："创建品牌资产""整合营销沟通"和"次级品牌杠杆"，但下设分支的具体内容是有区别的。我们看到内容包括教育品牌的消费者群体选择、学费定位、课程产品设计等内容。

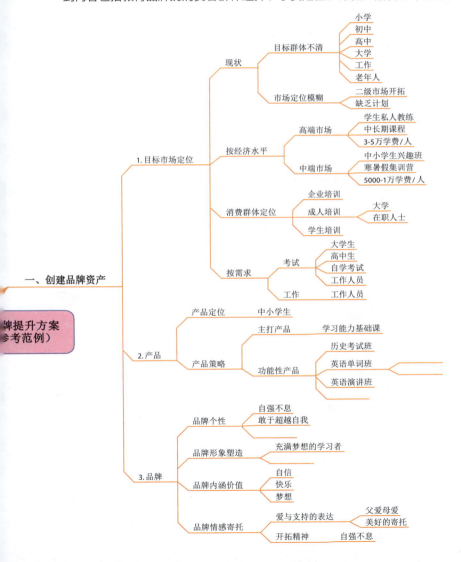

二、项目管理

图中将"项目管理"分为三大分支:"项目前期""项目启动"和"项目运行"。

"项目前期"阶段,包括三个步骤:"策划""可行性分析"及"经济效果评价"。

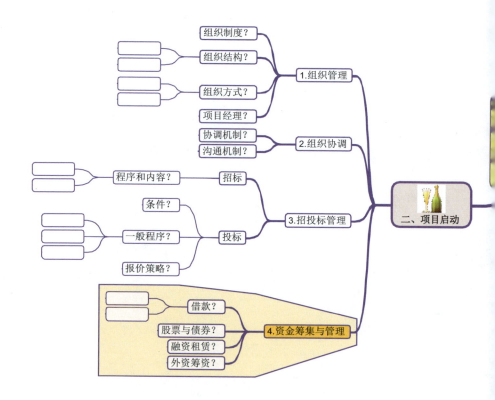

"项目启动"阶段,可以思考项目的"组织管理形式""协调沟通机制""招投标系统建设"和"筹资管理"四个部分。

"项目运行"阶段,可考虑的因素有"合同管理""计划管理""项目监控"及"风险管控"。

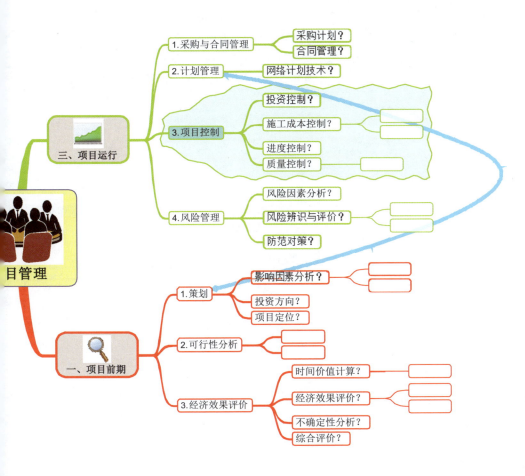

三、财务管理

这是财务管理的基本知识结构之一,来自财务管理的 MBA 教程。我们可以从中找到一些启发自己进行企业财务管理的灵感。

因为结构较为复杂,所以将它分为三张分图进行呈现。

分图1:筹资管理

"筹资管理"包括"资本成本计算""长期筹资"和"短期筹资"三个板块。

其中,"资本成本计算"包括"含义"和"计算模式";"长期筹资"包括"长期借款筹资""债券筹资""租赁筹资""股票筹资""认股权证筹资"和"可转换债券筹资"六个部分;"短期筹资"包括"组合策略"和"筹资方式"两点。

第三章 工作策划中的应用

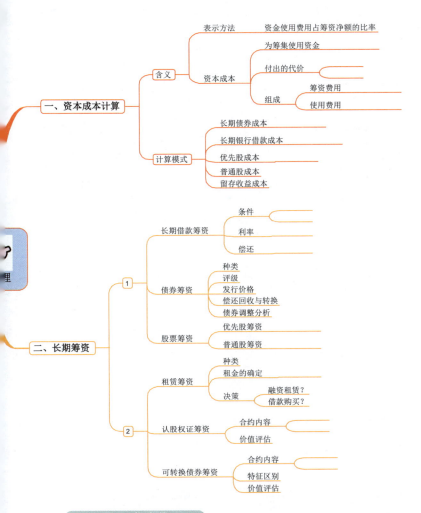

分图2：投资管理

下页图为"投资管理"分图，包括四个部分，分别是"资本预算""证券投资""流动资产管理"及"金融衍生工具"。

其中，"资本预算"包括"资本预算程序""项目投资决策分析"和"项目风险分析"三点；"证券投资"包括"债券投资"和"股票投资"；"流动资产管理"包括"现金和有价证券管理""应收账款"和"存货"；"金融衍生工具"包括"定义""种类"和"特征"三个部分。

79

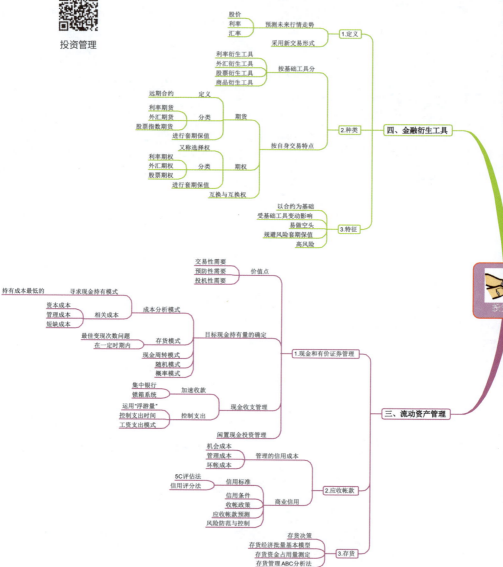

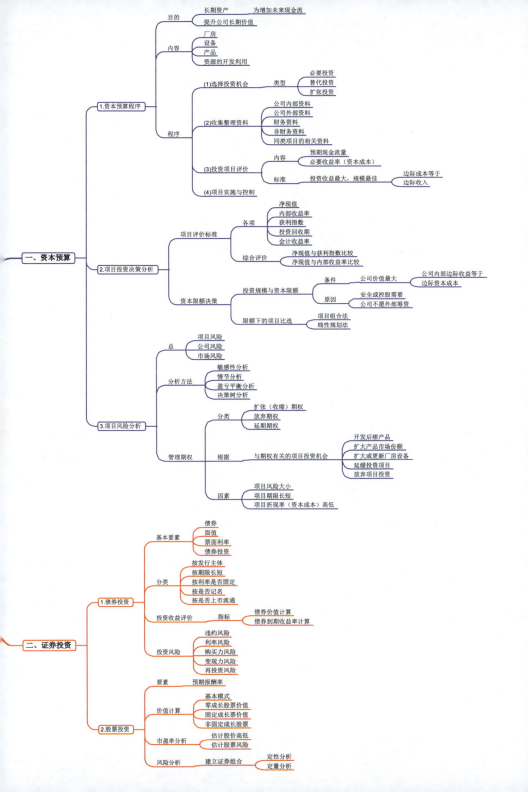

分图3：并购与重组

该思维导图分为"并购"和"公司重组策略"两大部分。其中，在"并购"的内容里有"并购类型""收益与成本""价值评估"和"价格的支付方式"四个部分；"公司重组策略"分为"并购后资产重组"和"财务危机重组"两个部分。

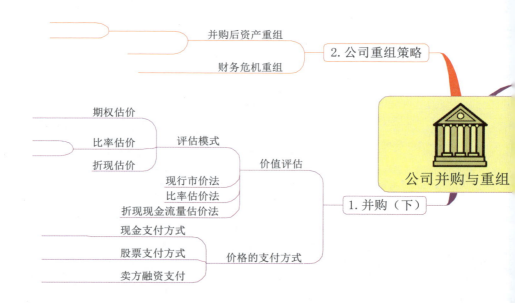

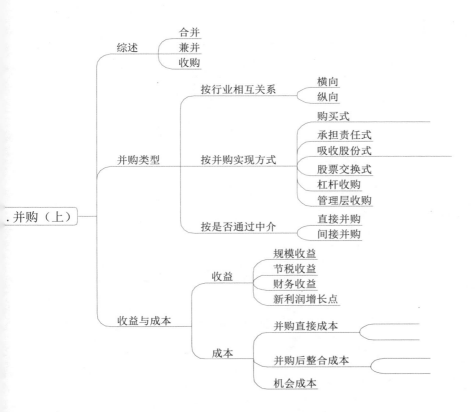

> **总图：财务管理逻辑**

下页图是一个 MBA 财务管理教程的基本逻辑内容。它可以协助我们了解如何进行财务管理，也能让我们有针对性地思考自己企业面临的一些财务问题。

财务管理总图

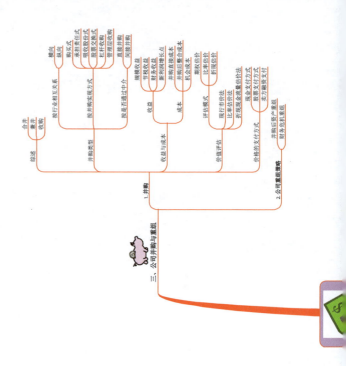

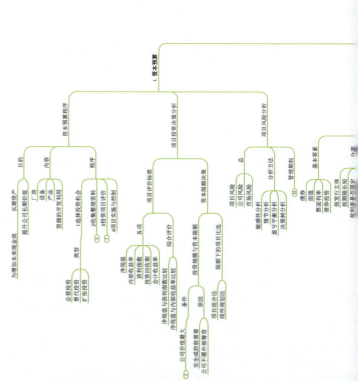

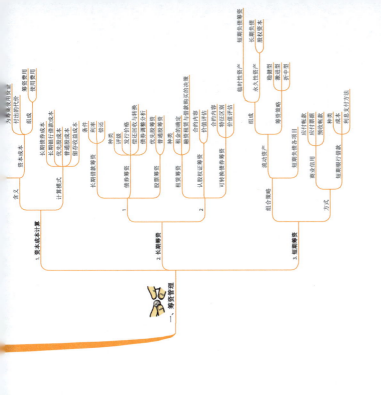
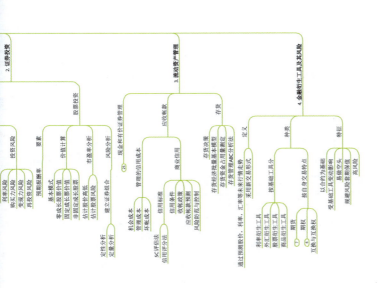

四、创业管理

每个创业的企业家，都面临大量问题需要思考和决策。

创业管理总图梳理了创业企业从起步、发展到收获回报的整个生命周期。它有助于我们了解创业，开启创业。一共分为五个部分：1. 谁，为什么，做什么；2. 整合资源；3. 创建新企业；4. 经营企业；5. 收获回报。下面我们将其拆分，先从分图看起。

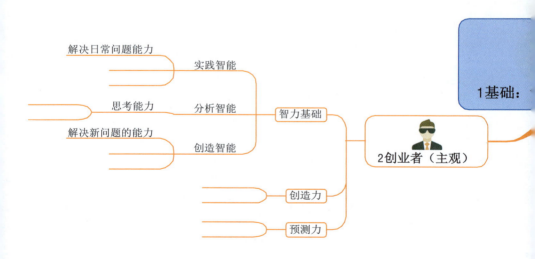

> 分图1：关于创业基础

它将"创业基础"分为两个部分进行考虑。一方面是客观因素——创业的机会，另一方面是主观因素——创业者。

对"创业机会"的分析，包括社会背景调研和创新类型定位；对"创业者"的分析，分为"智力基础"分析、"创造力"分析和"预测力"分析。

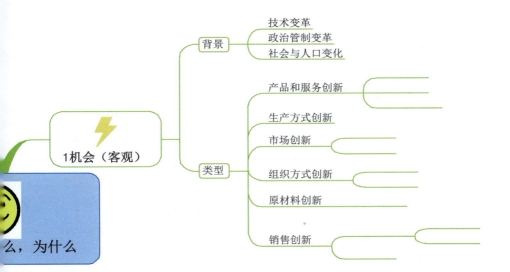

分图2：整合资源

图中将创业的"资源整合"过程分成四个部分：全面思考及收集信息、组建团队、筹集资金和制订可行性方案。

其中，"全面思考"指的是"收集市场信息"和"了解政府规则"；"拥有团队"的内容包括："自我评估""合作伙伴"分析和"人力管理"理念；"筹集

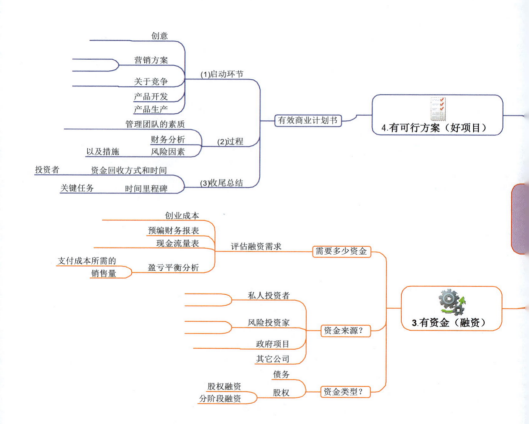

资金"时可以思考三个问题:"资金需求量""资金来源"和"资金类型";"制订可行性方案"具体需要注意三个环节:"启动环节"分析,"过程运营与风控"分析和"项目收尾方式"分析。

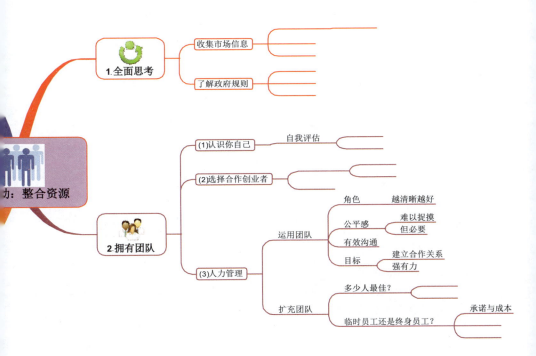

分图3：创建新企业

"创建新企业"包括四个分支：第一个分支是"熟悉法律"，第二个分支是"市场分析与营销策划"，第三个分支是"清晰企业战略远景"，第四个分支是"进行知识产权保护"。

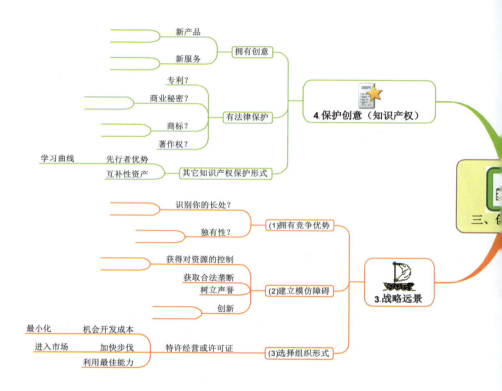

其中，"市场营销"部分需要"评估市场"，分析"市场趋势"，研究"市场占有策略"，并"组织团队销售"；树立企业"战略远景"时，则需要培养"竞争优势"，建立"模仿障碍"，并且选择有利于扩张的"组织形式"；"知识产权保护"包括"拥有创意""法律保护"和"其他知识产权保护形式"三部分。

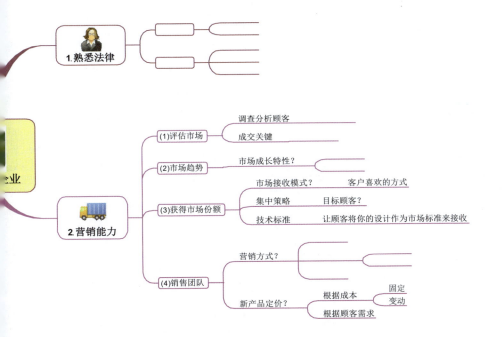

总图：创业管理

总结一下，我们发现，经典教材都包含许多思考的逻辑，可以帮助我们思考、辅助我们行动。而且我们可以借助思维导图，让科学的逻辑成为我们嫁接实际工作需求的引导。

创业管理

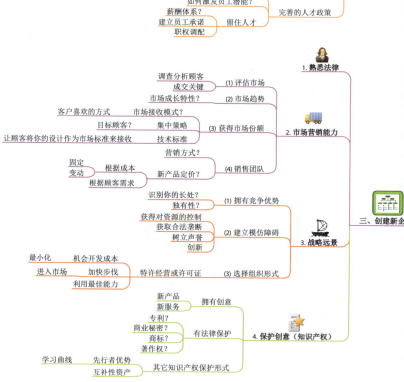

当然，我们也可以自己总结形成独创式思考逻辑。比如，通过大量的自学、阅读、听课和实践，形成适合自己行业和工作岗位的经典思考过程。

最后，让我们一起把复杂问题简单化。

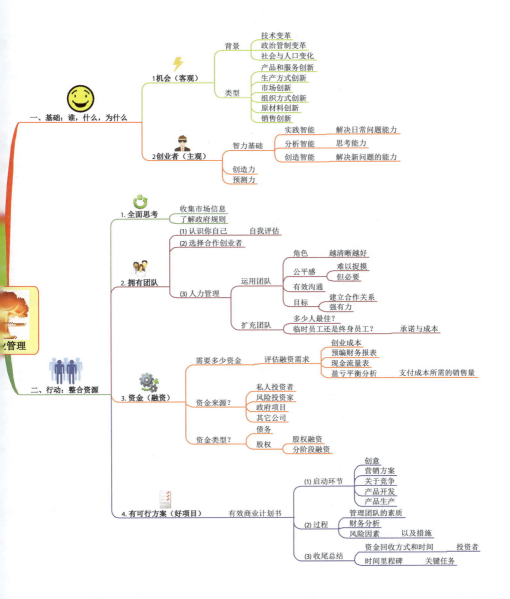

第四章 | 阅读让思维起飞

阅读对思维成长的作用，如何强调都不为过。所以，这一章我们会一起聊聊使用思维导图进行阅读的方法。本章内容分为三大板块。第一板块是第一节，讲到思考觉醒与思维导图阅读的价值；第二板块是第二节到第四节，主要通过思维导图的制作方法和实例来让大家进一步了解阅读的全过程，分为准备图和分析图；第三板块的阅读技巧包括四节内容，分别是寻找关键词的方法、提速方法、选书方法和战略性阅读法。

第四章 阅读让思维起飞

第一节　思维导图阅读的美

如果我们学习思维导图而不用它阅读，那么必然失去绘制思维导图 80% 的乐趣。

如果说，身体每天需要吃饭才能够快乐，那么阅读就是让心灵快乐的重要方法。思维导图强大的吸收和整合能力，将会让我们的阅读感受有质的提升。

一、引：关于思考觉醒

思考觉醒的第一步是多问问题，让自己时刻保持警觉。这可以通过思维导图阅读来训练。

我们思考最基本的问题多半是这两个："这是什么？""我要什么？"形象地说，就像宝宝刚来到世界上的时候，就开始关注这两个问题："这是什么？这是妈妈。这是爸爸。这是可以吃的。这是不可以吃的……""我要什么？我要抱抱。我要出去玩。我要妈妈……"

我们认为思考这两个问题很容易，连宝宝都会。但实际上，随着我们的长大和成熟，能够清晰思考这两个问题已经变得不太容易。为什么？我们可以回忆一下自己思维成长的过程。

小时候在家，父母希望我们是一个听话的孩子。有时父母甚至没有问过我们的需求，就已经帮我们安排好了后续的事情。同时，父母不希望我们有很多个性的想法，他们希望我们很"乖"。

然后，进入学校，在一定程度上，我们进一步被训练成"听话，照做"的考试机器。学习很多时候就是背诵、做题、考试和找标准答案。慢慢地，思维变得僵化，创意也少了。在考试压力之下，我们逐步放弃了独立思考和主动思考，甚至丢失了对知识探索的好奇心。

看到书本就想后退，听到学习就想逃跑。每天的时间都是在被动学习：重复地背诵和复习，只知道听从老师的各种要求……

接着，在这种思维能力缺乏训练的情况下，我们离开学校，进入社会。我们需要面对复杂的世界，还有各种感官的诱惑和刺激。这更增加了我们冷静思考问题的难度。

此时,我们会发现,思维迟钝、疑惑、缺乏目标感,也缺乏创造性解决问题的能力。我们不知道:"这是什么?""我到底要什么?"甚至,我们还可能对自己思维能力缺乏信心。

二、理念:目标与自由

思维导图阅读,可以帮助我们的思维重新"活过来"。我们通过思维导图来阅读文章和书籍,让思维逐步得到训练,大脑提速运转,重新找回阅读的乐趣。

为什么思维导图阅读能达到这样的效果?因为它推动你开始思考和整理这两个问题:"书中写的是什么?""我到底要什么?"

然后,在完全自由的创造氛围中,我们可以用思维导图将所有信息提炼整合,再现作者思维的精华,呈现出自己的思想与作者思想的交汇。

三、长期使用的效果

1. 思维嗅觉提升

这是一个良好的思维训练方法,可以提升我们的思维目标感和敏锐度。我们的提取关键词的能力将逐步增强,面对大量庞杂的文字信息,我们将越发冷静和轻松,可以快速找到"我要的信息在哪里"。

2. 信息组织能力提升

制作思维导图时,我们将信息组织起来,形成一个知识网络。从主干信息到分支信息,从核心内容发散到细节内容。同时也将各个信息点之间的逻辑关系努力表达出来:有的递进,有的转折,有的解释,有的总分……

3. 表达能力提升

思维导图阅读已经超越了简单的阅读,是一种在作者书籍基础上的再创造。

我们不但学习到作者的思维,还整理了作者的思维,并通过思维导图呈现出我们的收获。这个过程,是一种表达的过程,会很有成就感,因为我们运用新思想进行了再创造的表达。

4. 学习能力提升

在用思维导图阅读的过程中,我们会与作者进行思维交流。没有交流和思考,就无法绘制出思维导图。这个方法与简单的浏览书籍相比,可以使我们更快地吸收作者思想的精华,从而更新自我思维。

5. 思考能力提升

阅读终究要帮助个人思考，才能实现阅读的价值。当我们长期这样阅读时，思考能力会潜移默化地提升，并将最终协助我们成为一个更好的自己。

第二节 "阅读思维导图"的制作

使用思维导图阅读的操作方法是什么？在此和大家一起聊聊。

（适用范围：知识补充类阅读和考试类阅读都可以使用以下的思维导图制作步骤。但如果是阅读报纸杂志或消遣小说，除非有一定的研究目的，否则就不需制作思维导图了，直接浏览更简便。）

以下是两张图，协助我们完成不同阅读阶段的思路引导。第一张图用于书籍阅读的前期准备，第二张图用于内容分析。

一、阅读准备图

这是一个启动阅读的好方法。具体包括四个问题：读书方向如何确定，目标书籍的特征是什么，过去有哪些相关知识储备，以及准备如何开展阅读。

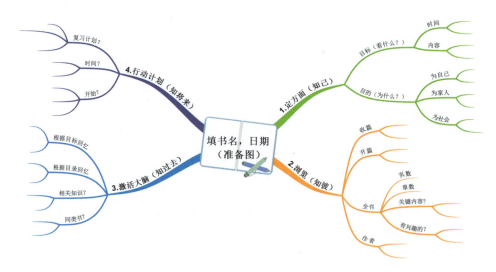

上图为"阅读准备图"的基本思路。我们可以根据自己的实际情况进行增减和创造，进而完成阅读的准备工作。关于这张图各个分支的内涵，在此具体说明一下。

1. 明确方向

包括"阅读目的是什么？""为什么要看这本书？""阅读的目标是什么？"，以及"具体的阅读时间目标和内容目标。"

很多时候，我们常习惯拿起书，就开始从第一页往下看。很少在阅读之前先反问自己："阅读的目标和价值是什么？"

其实这样的询问，是一个带着觉知的阅读的开始。它使阅读有了使命感，使我们在阅读的时间与想要的创造价值之间有了良好的连接。

2. 浏览

浏览目标书籍的整体结构，这对于我们构建自己的知识体系和制订这本书的阅读计划都有帮助。同时，让自己多次反复浏览和咀嚼知识，这将让后期的记忆越发轻松。

所以，建议在书籍细致阅读前，都先花 5~10 分钟浏览目录和全书，除非你是在看悬疑小说。

3. 激活大脑

问自己："看过哪些同类的书籍"，"知道哪些相关的知识"。也可以根据书籍的目录进行联想，或者根据自己设定的阅读目标进行自由联想。

这个步骤我们不一定要把所有想到的内容都写在图中，更多地可以在大脑中完成。因为适当给自己的大脑一个回忆暗示，可以帮助节省很多新书的阅读时间。

4. 行动计划

这是绝对重要的一个步骤。没有计划，最好别开始看书。就像做事情需要有时间安排一样，阅读也是一个系统的行动。良好、严格的时间计划，是快速阅读的基础。

我们要很明确地与自己协商："我准备什么时间开始阅读？准备花几个小时阅读？这几个小时是一次读完还是分作几次读完？准备什么时候进行复习？"等。

在确定阅读计划时，尽可能细致、精确。给自己的头脑下一个明确的指令，一定要将一本书读完。这样，行动才有效率。因为阅读一本书有时就跟打仗是一样的："一鼓作气，再而衰，三而竭。"

二、全书分析图

这就很好理解了。如下图所示，我们将要阅读的目标书籍的核心要点，从主干到分支，逐步绘制在思维导图上。

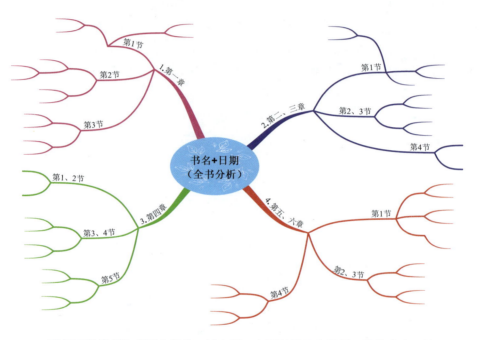

我们可以将书分成四个部分。其中第一主干和第三主干是一章的内容，第二主干和第四主干是合并了两章的内容；每一节或联合几节的内容，制作成二级分支；然后将每节的知识要点整理形成三级以下分支。

在制作全书思维导图的过程中，也有几方面需要注意一下。

1. 备考书籍

因为考试类书籍信息量较大，所以我们可以用思维导图电脑软件协助作图。如果大家喜欢使用手绘导图的话，就需要特别注意分支的布局规划，防止主干过于密集，而影响后续分支记录。

2. 只记录简单关键词

由于思维导图是给自己看的工具，所以不需要完整摘抄，逻辑也不一定要严密。只要自己可以看懂，就达成目标了。如果感觉内容很多，实在无从删减，可以通过附上页码来标注提醒。

3. 标题

主干和目录的名称，可以整合自创，不一定要根据原书的目录结构设定主干，可以根据自己的实际需要，把主干进行整合或删减。

4. 日常阅读

日常学习类书籍阅读，建议通过手绘导图完成。因为手绘导图对硬件要求低，可以随时随地地绘制。同时，绘制和记录的过程也会更有趣味感，手随心动。

5. 日期

每次阅读完书籍，请在中心图中标记年月日。因为不同时空，我们的想法会改变，阅读的收获也会改变。所以，每次标记作图时间，对于我们后期回顾和完善导图都有帮助。

三、阅读手绘导图要点

1. 工具准备

笔：制作彩色思维导图，醒目而可爱。可准备 12 色彩笔。最简单的可准备四色按钮的彩色圆珠笔。但如果条件确实受限，可先用签字笔做草图。后期想美化的时候，再进一步用彩笔填色。

纸：制作书籍分析图时最好用 A3 大小的白纸。日常使用思维导图，采用 A4 大小的白纸就可以了。

表：因为需要制订严谨的时间计划，随时根据进度提醒自己，所以准备看时间的工具是必要的。并且，建议每次阅读 50 分钟后要休息 5 分钟，再继续开始阅读 50 分钟，这样可以保持长时间的阅读活力。

2. 心态准备

首先是自由发挥。告诉自己："如果有需要，我还可以等下再重做一张。所以，现在是在做草图，通过分析将关键词记录下来就可以了。如果不够美观，可以后期修缮。"

其次是保持速度。随时提醒自己："按照既定的阅读计划，保持中高速阅读。不在细节疑问上逗留。"我们可以在导图中标记难点，等完成全书阅读之后，再回顾和深入思考难点与细节。

第三节 "阅读准备图"案例

一、日常书籍

每次阅读日常书籍之前，我们可以做一张准备草图，既快速又有指导性。

1.《启动大脑》准备图

以下是《启动大脑》这本书的准备图举例。

"《启动大脑》准备图"一共有四个分支。

其中，"1.方向"分支：阅读的目的是为自己考试进入前五名，学会记单词和快速阅读的方法；自身的提升也能满足父母的期待；同时做到和朋友打的赌（一个星期看完《乱世佳人》）；目标是3小时读整本《启动大脑》，并将感兴趣的

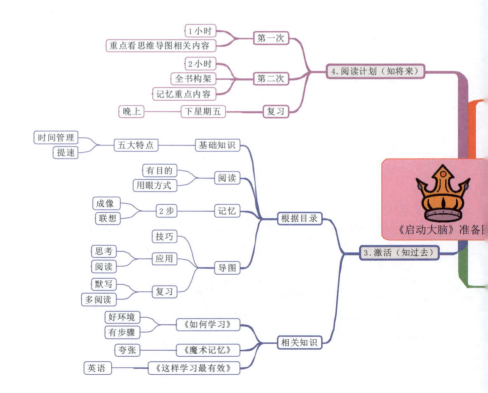

新知识做成思维导图。

"2. 浏览"分支：记录了书的作者、基本信息和重要章节。作者是东尼·博赞——世界大脑先生；全书分为10章，149页；开头介绍了大脑的基本功能，记忆方法，思维导图和关于大脑老化问题的观点。

"3. 激活"分支：通过目录和相关知识两个方向进行回忆链接。根据目录联想到：大脑的五个特点，时间管理，阅读提速的知识，有目的阅读和科学用眼方式，思维导图在思考上的应用和复习方法；根据相关知识联想到，《如何学习》的内容，《魔术记忆》的内容和看过的一本书《这样学习最有效》。

"4. 阅读计划"分支：将阅读分成三个部分。第一次阅读，花1小时的时间，只看书中关于思维导图的内容；接着进行第二次阅读，计划花2小时，看全书结构和记忆力训练的内容；并确定复习时间为下周五晚上。

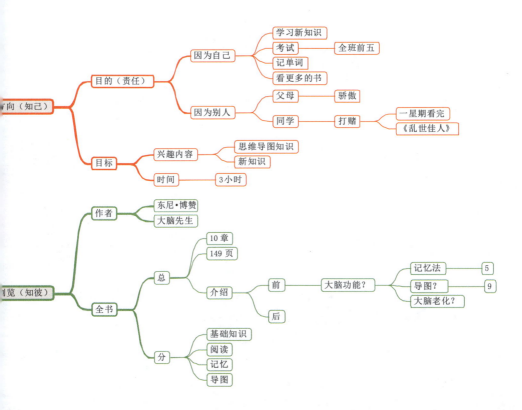

2.《拥舞生命》准备图

这是《拥舞生命》一书的准备图举例。

"《拥舞生命》准备图"同样从四个角度开始探索。

其中,"1.方向"分支中探索了自己阅读的价值、目标内容和目标时间。阅读者认为,阅读此书对自己的价值是,开阔心灵,自我帮助,同时还可以复习心理学知识,练习阅读思维导图技能;阅读此书对父母的价值是让自己可以更懂得如何爱他们,更好地关心父母;对朋友的价值是让自己有帮助他们的能力;阅读时间是2小时;阅读目标是感兴趣的内容,如解决忧虑的方法、关爱他人的方法和新知识。

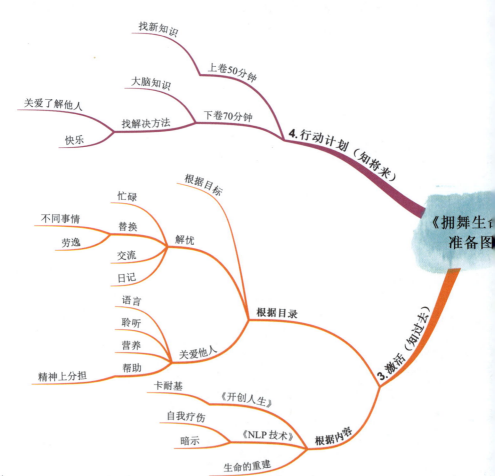

"2.浏览"分支主要梳理了作者信息和全书结构。作者是中国台湾训练师许宜铭;全书分为18章,321页;开头有推荐序(告诉读者痛苦来自自我,需要认识自我)、自序(书的内容来自大量研究和自我成长历程)和前言(邀请读者正确理解文字);上卷的主题是发现潜能;下卷的主题是重塑生命。

"3.激活"分支包括两部分。根据目标进行联想,解忧方法是忙碌、交流和写日记;关爱他人的方法是语言、聆听、营养健康建议和情绪分担;根据内容想到三本书:卡耐基的《开创人生》,用于自我疗伤和暗示的《NLP技术》,以及露易丝·海的《生命的重建》。

"4.行动计划"是:2小时完成全书阅读;上卷阅读的重点是找新知识;下卷分析的重点是找快乐和关爱他人的解决方法。

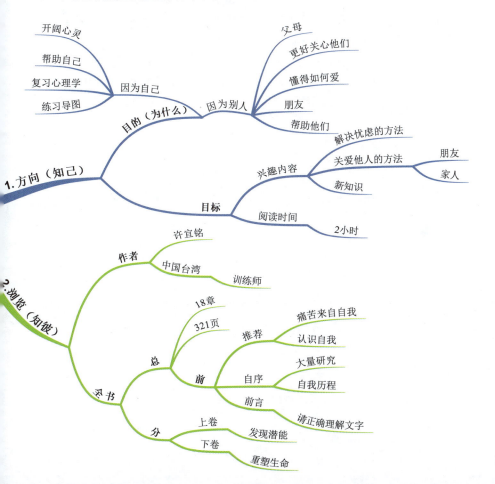

二、考试类书籍

在阅读考试类书籍之前，我们可以做一张准备图，厘清自己的思路，并制订学习计划。以下是一个中学生的历史书阅读准备图。

其中，"1.明确方向"的分支探索了自己考试的目标和目的。历史考试的目标是，取得90分，进入全班前十；历史复习对自己的价值是，达成自己的目标，同时父母将有可能带我去海南旅游；对于我表弟的价值是，给他树立好的榜样，与他相互竞争。

"2.浏览"分支整理了全书的重点和难点。这本历史书的学习重点是，前三章；学习难点是，时间点记忆、法国革命和德国资本主义的发展。

"3.激活思路"分支从四个要点进行回忆梳理，联想到美国内战、黑人运动、奴隶解放，德国的经济危机和多次王朝建立的历史，法国的拿破仑、大革命和法兰西共和国，以及英国的《大宪章》，等等。

"4.行动计划"的部分，设定了总时间预算和具体三个实操阶段。计划历史复习总时间是，7天，每天两小时；第一阶段，花两天时间看课本，并制作和背

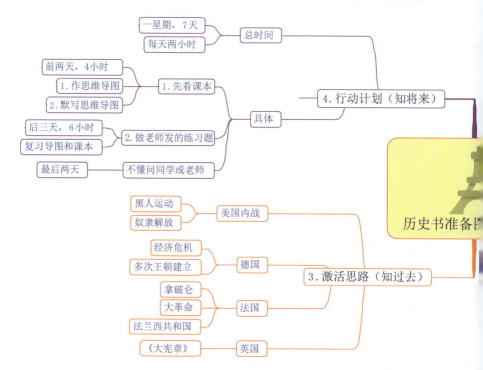

诵思维导图；第二阶段，做老师的练习题，用三天时间；最后两天，查漏补缺，有不明白的就请教老师和同学。

那么，如何快速制作考试类书籍的准备图呢？介绍如下。

第一分支：明确方向。我们可以用这个分支来设定考试目标，并制订相应的奖励方案，使学习、考试与自我娱乐形成良好的循环链。

第二分支：浏览课本。制作这个分支的作用，就是将课本中的重点章节与难点问题初步在心中定位。这有利于后期阅读的时间分配，并可以帮助我们建立对课本的全局观。

第三分支：激活思路。我们需要尝试回忆课本中的知识，尽可能地在脑中搜索。这样既了解了自己对课本内容的熟悉度，也让自己对知识的记忆现状有一个认识。

第四分支：行动计划。制作考试类书籍的行动计划十分重要，因为这对考试结果有较大影响。我们除了制订完成第一次阅读的时间计划以外，还可制订两到三轮复习回看的时间表。

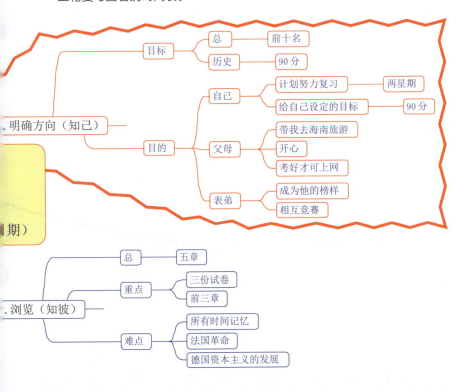

三、小结

阅读准备图对于大家来说，可能比较新鲜。因为过去阅读的时候，时常忽略这个环节。不过，我想说，能从现在开始培养这个阅读习惯就非常好了。

首先，准备图是一种阅读理念，它引导我们在阅读之前完成四个准备工作。所以，就算我们有时候确实没条件作图，也可以在心中把这四个步骤走一遍。

其次，准备图的应用范围主要是日常阅读和考试阅读。但转型应用可以包括写作计划、演讲计划、课程准备等多个方面。只要我们记得"知己、知彼、知过去、知将来"这四个步骤，就可以灵活应用了。

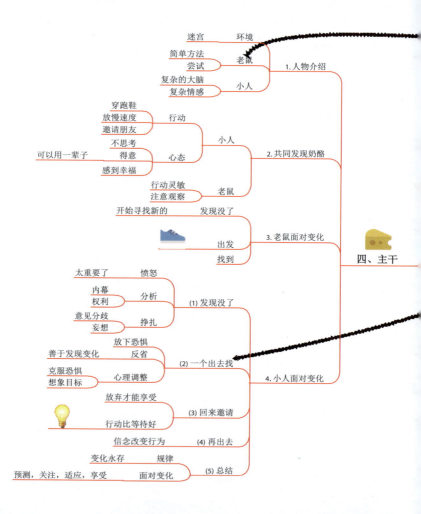

第四节 "全书分析图"案例

一、多角度分析

在生活中,当我们准备对一本很重要的书进行反复阅读或全方位研究的时候,可以使用思维导图进行多角度分析。它强调每次从不同的视角和主干切入内容,梳理知识。

我们现在以《谁动了我的奶酪》这本书的分析图作为一个例子,探讨多角度分析方法。首先,我们可以忠于原书的目录,尽可能全面地记录下阅读的内容,如下图所示。

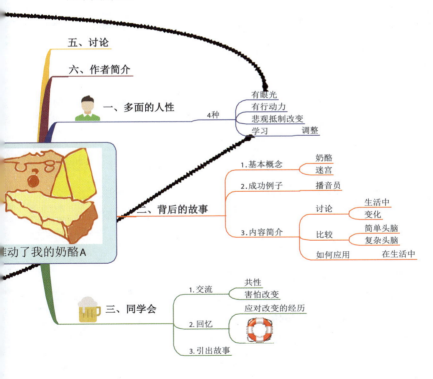

我们看到，导图根据原书目录分为六个部分。分别是：多面的人性；故事的背后；同学会；故事主干；讨论；作者简介。在实际阅读和分析的过程中，我们发现有两个部分没有感兴趣的信息，所以直接没有发散。而故事的核心内容集中在第四部分，于是，将这些部分的内容记录得更丰富。

第二种分类方式是，我们可以将全书分成三大部分：前、中、后，如右上图所示。

图中第一个主干，集合了书中所有介绍和前期叙述的内容；第二主干，梳理故事的内容，具体包括"找""找到""失去""分歧""一个人改变行动""思考并回去找朋友"和"总结"七个小分支；第三主干，记录听故事之后的讨论。

第三种分类方式是，根据故事的人物进行分析，如右下图所示。

第三种分类方法与前两种完全不同，它跳出了时间逻辑，采用了角色分类。阅读者将信息按照"嗅嗅""匆匆""哼哼""唧唧"四个角色进行整理，略去了书中不感兴趣的前部和后部介绍。

可见，思维导图是一个很灵活的工具。多角度阅读，既可以锻炼我们的思维能力，也能锻炼语言分析和组织能力。更有趣的是，在我们完成多角度分析之后，书中的信息很自然就清晰地印在脑海中了。

因为知识越咀嚼越熟悉。

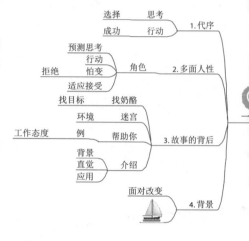

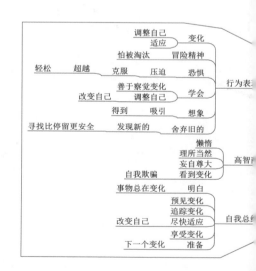

第四章 阅读让思维起飞

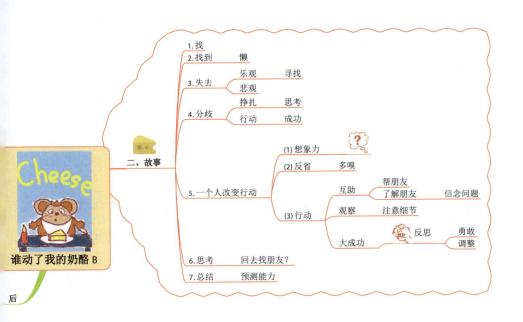

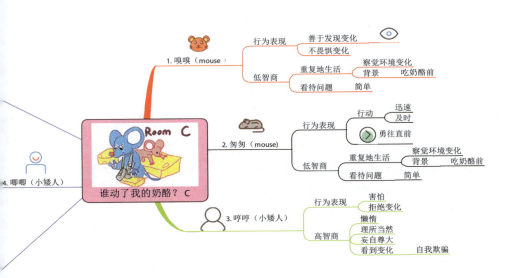

以下还有更多手绘版的《谁动了我的奶酪》思维导图，这些图都是学员第一次使用思维导图进行阅读训练时做的分析图。阅读 + 制图的时间都在 2 小时左右。

第一张手绘图，作者将全书分成三个部分"开始""经过"和"结果"。思维导图先用蓝色笔绘制，后用水彩笔描上不同分支的颜色；同时用粉色和黄色圈出认为重要的词语；还使用了连接线和插入对话框来丰富内容的表达。

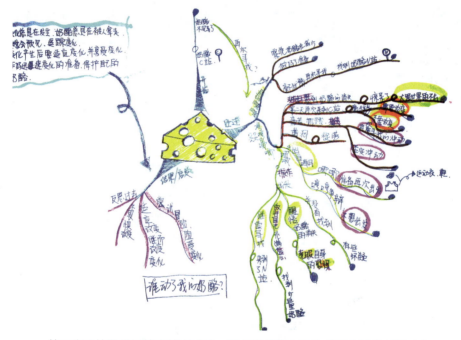

第二张手绘图是用签字笔完成的。图中将书的内容分成两个部分："故事"和"奶酪墙上的话"。然后根据故事发展的时间逻辑，记录下了书中的重要信息。虽然图中没有上色彩，但仍然可以感受到作者制作思维导图的快乐。

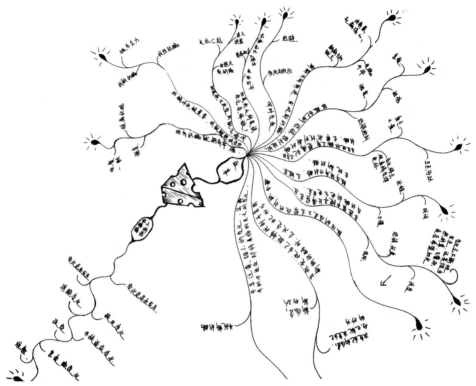

第三张手绘图，分为嗅嗅自由派、匆匆行动派、哼哼顽固派、唧唧适应派四个主干。这张图的枝干粗细恰当、布局也自然合理。

绘者（绘者名：王海伶）在分析的初期遇到最大的挑战就是，不知道如何将一个连贯的故事梳理成立体的结构。刚开始她只能将关键词简单提炼后记录在图中，内容显得单薄。但经过多次深入整理后，她做到了融入一定的分析说明语，把故事的结构清晰地呈现出来。

这次绘图给她的启发是：通过调整和删减分支，能让自己进一步明确主题和关键词，锻炼了思维能力。

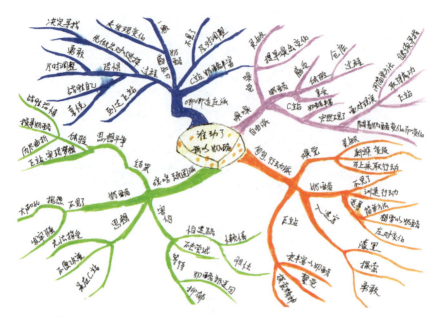

第四张手绘图有七个主干,分别是:发生、预测、密切关注、迅速适应、变化、享受和主动。这张图的特色是,绘者(绘者名:汪志鹏)深度解剖了故事的脉络,然后通过精练的词语呈现内容。整张图结构简洁、信息明了。

绘者的总结是,画《谁动了我的奶酪?》一书的思维导图,是宋老师给我布置的作业。这本书我很早就买了,因为很火,很多名人大咖都推荐过。但我当时读完后只是粗略地知道内容是关于几只老鼠找奶酪的故事。

这次绘图让我再次验证了,读书时画思维导图与不画图之间的差别是很大的。画图的好处就是:首先,我们能够将核心要点和逻辑关系呈现出来;其次,在认知作者想要表达的含义和叙述方式的过程中,自己与作者更紧密地连接在一起;同时,在书中新内容与脑海中已有知识整合的过程中,新的内容能更快被理解和记忆。

《谁动了我的奶酪?》一书通过嗅嗅、匆匆、哼哼和唧唧四个角色,形象地讲了一个在工作和生活中应对变化的绝妙方法。

变化总是会发生,因为奶酪会不断被拿走;预测变化,所以要时刻做好失去奶酪的准备;密切关注变化,比如经常嗅一嗅奶酪,让我们知道它是否依旧新鲜;迅速适应变化,因为越快放弃旧的奶酪,就可以越早享用新的奶酪;变化,随着奶酪的变化而变化;享受变化,尽情享受探险的过程和新奶酪的美味。

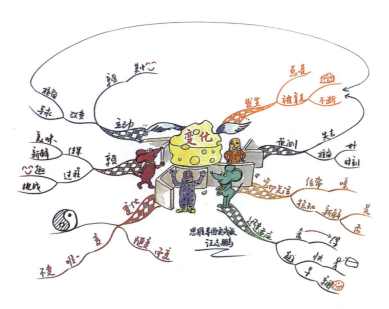

综上可知,思维导图阅读是一个个性张扬的过程,没有唯一的标准做法。就如同一个人制作同一本书的阅读思维导图,也很可能有多种风格。

所以,善用多角度分析阅读,可以让复习和研究都更有趣味性。

二、驾考笔试

很多伙伴都需要参加各种考试,比如驾考。于是,如何快速将考试需要记忆的大量信息熟悉,就变成一件重要的事情。在学会思维导图之后,我们完全可以用它梳理驾考的笔试内容,既可以提升阅读的专注力,也能做到在完成一次阅读的同时,形成属于自己的系统复习笔记。

下页图"机动车驾考要点(总)"一共分为八个部分:机械常识与维护保养、驾驶证和机动车管理、交通信号、道路通行规定、道路交通事故处理、法律责任、安全文明驾驶常识和紧急情况处置。阅读速度较快的使用者,在 4~6 小时左右就可以完成分析。由于纸张限制,我们将机动车驾考要点的大图分成三个分图进行呈现,分别为"驾考要点 A""驾考要点 B:道路通行规定"和"驾考要点 C"。详情可通过扫描下页二维码进行观看。

"驾考要点 A"中包括三部分内容:机械常识与养护、驾驶证和管理和交通信号。

"驾考要点B：道路通行规定"的内容包括"通行原则及条件、通行规定、高速公路"三个部分。其中通行规定的具体内容较多，所以我们将它分成基本规定和其他规定两个部分。

"驾考要点C"分为四个部分：道路交通事故处理、法律责任、安全文明驾驶常识和紧急情况处置。由于内容涉及很多细节，所以有些内容简略的标记了所处页码，没有展开记录。这样，在需要加强记忆的时候，可以根据页码翻看教材进行复习。

我们发现，当信息量较大时，我们就可以使用电脑思维导图软件，将所有内容在一张思维导图中呈现。同时，如果需要将内容导出分享，可以制作成多个思

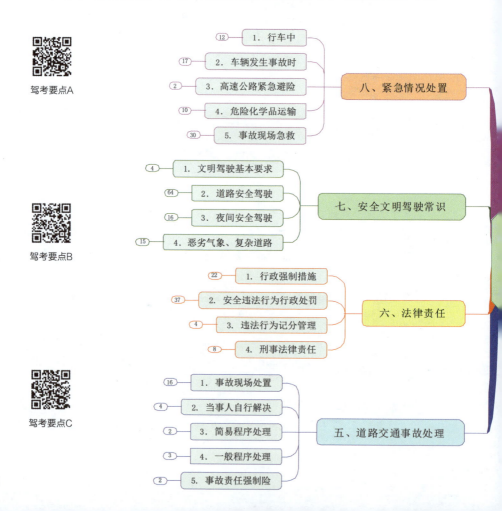

驾考要点A

驾考要点B

驾考要点C

维导图分图。

在时间方面，假设我们利用每天的两个小时空余时间来阅读，大概 3~5 天就可以完成驾考知识的初步学习，并在电脑上制作出对应的思维导图（考试类思维导图的制作方法，在第七章第一节还有详细的讲解）。

有的伙伴会说："我们为什么要自己做思维导图？我把别人做好的图拿来学习不行吗？"

直接使用别人的图，这样的做法通常是无效的。原因是思维导图的优点在于凝练，而缺点也在于此。

如果这是自己做的思维导图，我们就可以在制作过程中有无比的收获，同时在回看思维导图的时候，有满满的记忆。但如果这张图不是自己做的，而是经过别人的大脑加工出来的，结果可能完全不一样了。我们会发现，看别人的思维导图甚至比看原书还难懂，有时就像密码本。

所以，我一贯支持原创，支持自己绘制。

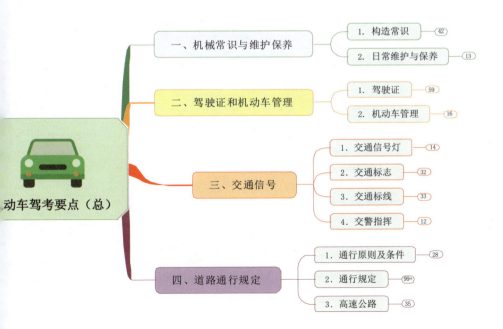

三、兴趣阅读

"活到老,学到老。"

在这个信息不断更新迭代的时代,我们需要具备快速学习的能力,这样才可以在需要增加新领域的知识储备时,做好充分准备。思维导图能让我们把自己的原有思维迅速与新知识体系融合,大大提高阅读和复习的效率。

1. 理财类

以下是一本关于提升财商的书籍《穷爸爸富爸爸》的阅读思维导图,内容包

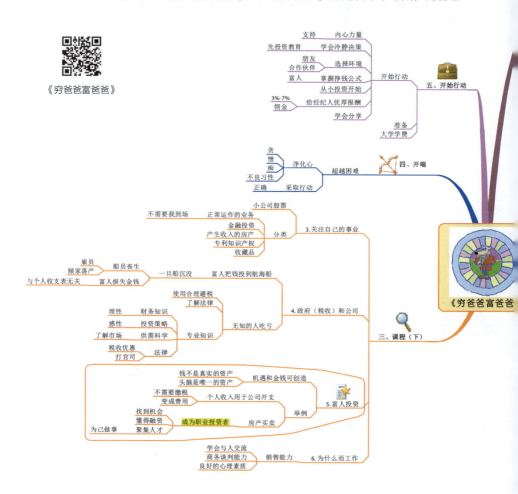

括"开篇""课程(上)""课程(下)""开端"和"行动"五个部分。

其中,书的核心内容在于课程知识的讲解,"课程(上)"这个分支包括"富人为什么工作"和"学习财务知识的价值"两个部分;"课程(下)"的分支内容是:"关注自己的事业""政府(税收)和公司""富人投资"和"要为什么而工作"。

整个阅读+制图的过程,大约 4 个小时可以完成。

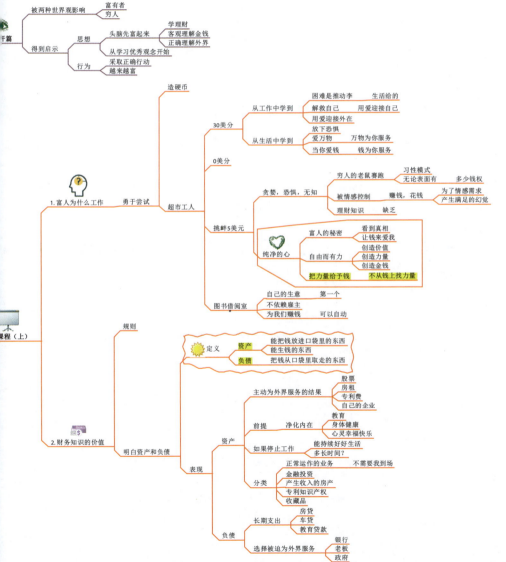

2. 工作技巧类

这是一本关于《系统思考》的书，书中讲解了提升思考效率的方法。具体包括"绪论：什么是系统思考""处理复杂性""工具和技能""应用"和"创建未来实验室"五个部分。

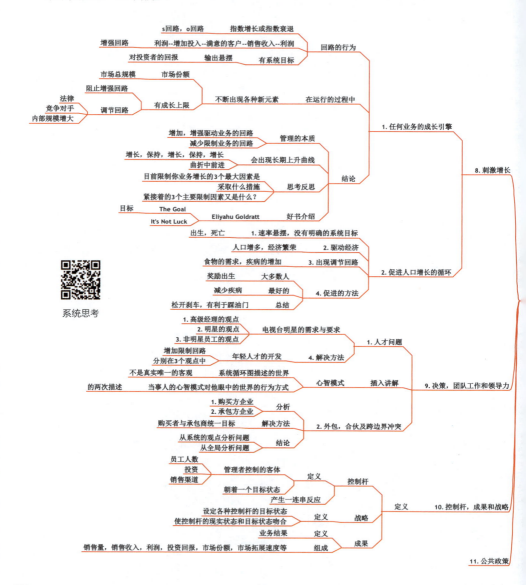

第四章 阅读让思维起飞

通过制作思维导图，我们可以对作者讲解的方法有全面的认识和了解。同时，我们也可以在完成阅读之后，用其他颜色的文字，继续记录自己的读后感和其他各种联想。

整个阅读 + 作图，大约 4 小时可以完成。

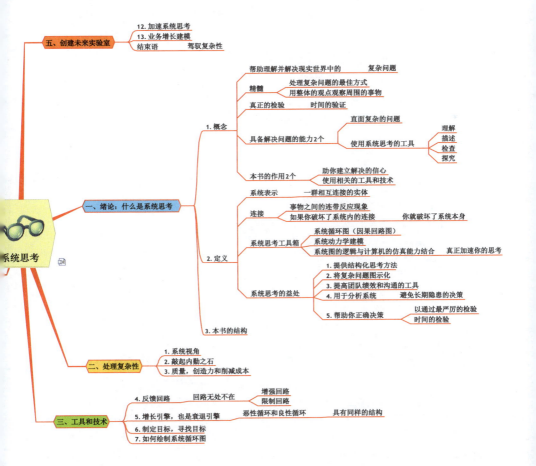

四、小结

1. 思维导图阅读的模式

先从书籍的标题和目录开始整理,然后是小节标题的整理。等全部章节的标题都整理完成之后,才具体阅读和梳理细节内容。

如果在整理标题的时候,我们已经发现有些内容不重要了,就可以直接略去不写;如果发现有部分内容看不明白,我们可以用特殊的颜色标记,等完成整个阅读再深入研究疑难点。

2. 不熟悉的领域如何分析

思维导图有一大亮点,几乎可以"所向无敌"地分析任何信息。因为,即使有的知识领域是极其陌生的,我们也可以先把目录和章节整理出来,然后,用思维导图记录下我们可以看明白的要点。

这样就很容易跳过难点,将所有我们需要的信息筛检出来,以此掌握全书的面貌。

3. 如何自学一个新领域

善用思维导图之后,我们能更快进入一个新领域。

因为我们可以使用导图分析 5~10 本这个专业领域的大学教材,或分析 5~10 本目标领域的专家著作。然后,对一个新领域,我们就已经拥有了较好的视角和判断力。

第五节　阅读技巧一:找关键词

一、限制与自由的区别

用思维导图阅读,首先需要改变的就是阅读的思维,我们过去是"有什么,看什么",制作思维导图时就变成"想要什么,找什么"。

有一位高三同学跟我说,她学会思维导图之后,将初中三年和高中三年数学书的知识画成一张图。这让她将很多知识点打通了，对这些知识的理解能力也提高了。

她还兴奋地告诉我："我发现，可以把数学书的知识和物理书的知识贯通在一张图上。"

二、关键词的定义

很多人都问我："什么是关键词？怎么找？"首先，最直接的理解就是，关键词就是你认为是重要的词语。

要找到"对我们最重要"的词语，前提是要明确做思维导图的目的。比如，我们是自由地兴趣阅读，还是严谨地应试备考。

如果是自由兴趣阅读，那么我们所找到的关键词，就是为我们的兴趣爱好和实际生活需要服务的；如果我们是为了备考，找关键词的标准就变成了考试知识重点，或查漏补缺的知识难点。

总之，关键词就是"能唤醒记忆"的词语。它可能是给你留下最深刻印象的词语；也可能是你认为最具有概括性的词语；或者是自己总结出来的一个词语。同时，它能帮助我们说明信息之间的关系，并回忆起原文的内容。

三、阅读速度与效率

很多伙伴都关心阅读速度的问题。但其实，阅读速度并不重要，阅读效率才重要。所以，最重要的是："如何可以在单位时间达到更好的阅读效果？"

对于休闲兴趣阅读，阅读时间可能是我们关心的一个重要指标，因为我们经常是更在乎"读过"，而不是"记得和用上"多少。

而对于研究性或应试性阅读，"记住多少""记得清楚吗""复习效果如何"和"能应用在解题上吗"，这些问题就变得很重要。所以，思维导图一方面提升阅读速度，更重要的是让我们"记得清楚""复习方便"。

总结可知，找关键词所花费的时间和精力是值得的，即使表面上看起来费时更多，但从长远而言效率更高。

第六节　阅读技巧二：提速方法

这一节会讲到一些阅读提速的方法，帮助大家用更少的时间，阅读更多的书籍。具体包括五个方法：改变用眼习惯、手指指引、限量阅读、改变阅读环境和设定精准目标。

1. 改变用眼习惯

提升扫视速度，对阅读提速的作用很明显。

用眼习惯的改变，很多时候基于阅读观念的调整。我们常习惯用过去学生时代阅读课本教材的方式来阅读，所以速度很慢。学生时代的课本较少，且本本要求精读。所以，我们很喜欢仔细地研究书中的每个字和词，并且一边看一边小声朗读。但这种方式，显然已经不适宜信息爆炸性增长的现代生活节奏了。

首先，我们阅读的时候，眼睛要稳定匀速地移动，有意识地缩短在每个信息上停留的时间，并尽可能消除跟读的习惯。因为朗读的习惯将大大拖慢我们的阅读速度。

其次，尽可能扩大视野范围。比如，从一次看清 1~3 个字，变成一次看清 5~10 个字；以前一次阅读一行，现在一次阅读 1~3 行。同时，眼睛不但可以"从左到右"按字地阅读，而且可以"一整行，一整行"跳着读。甚至练习眼睛在一页书中"从左上角到右下角"扫视，或"从中心向各个方向"扫视。

这些练习一方面锻炼了眼睛的灵活性，另一方面突破了原来我们对于阅读的传统理念，甚至可以从根本上改变我们和书之间的关系：从过去"书在上，我们在下"的关系，变成"书和我们相互沟通，我有意识地选择信息"这样的关系。

我们也可找一两本专门训练速读的教材来看看，里面有丰富的扫视训练题。

2. 手指指引

手指指引，可以帮助我们的眼睛运动轨迹更稳定和可视。

一起来做个小游戏，我们会更直观地有感受。

首先，我们先用目光在空中画一个圆圈，然后，我们举起右手食指，在空中画一个圆圈，同时眼睛的目光随着指尖移动。

这时我们会发现，如果没有手指指引，眼睛只能画出不规则的形状。但有了手指的带领，眼睛就可以轻松匀速地沿着圆滑的轨迹移动。

是的，这就是手指指引的作用。在阅读的时候，我们可以用一个手指的移动，督促自己稳定地向前推进阅读。也可以用多个手指同时放在书页上，帮助我们一行一行地搜索信息。

我们可以一边阅读一边绘制思维导图。左手负责在书上移动引导视线，右手负责画图。这样眼睛和手指的相互配合，使得我们更快速找到庞杂文字中的关键词。

3. 限量阅读

这是一个很简便的心理暗示方法。

阅读就好像我们在长跑。有经验的马拉松运动员，不会把整个跑步路程作为一个目标，而是会将漫长的路程分成许多短小的阶段目标。这样，跑步的心情就更好了，平均速度也更快了。

在我们阅读一本较厚的书时，这个方法对减缓阅读压力的作用很明显。我们可以准备一张 A4 白纸，在制作完整个目录和章节的思维导图主干后使用。

开始正式阅读每章内容的时候，将 A4 白纸搁在我们要看的这一个章的尾页。然后，这本很厚的书就消失了，我们只看到 A4 白纸之前有几十页书需要看。这时，我们的大脑就会很聚焦地知道，这阶段要读的内容有多少，而其他的内容就屏蔽了。

等阅读完一章之后，再移动白纸，隔出新的阅读内容。这样，限量阅读使阅读压力明显减少，同时成就感和快乐心情更容易保持。

4. 改变阅读环境

阅读环境对阅读提速的作用有时是巨大的。

良好的阅读氛围，让我们阅读更专注，效率自然提升；不良的阅读氛围，会让我们思想怠慢，甚至常升起要放弃阅读的冲动。

首先，不良的阅读环境是指让我们容易分心或产生其他联想的环境。

比如，第一，面对床或躺在床上看书，对我们的阅读效率是有打击的，因为我们看着床，潜意识就感觉要睡觉了。

第二，面对电视机和大量美食等事物，同样容易让我们降低阅读速度，因为我们的注意力很容易被这样的事物牵引，产生其他联想。

第三，家中有太多人员在活动或有大量噪声，也会干扰专注学习的状态，让心情烦躁。

其次，良好的阅读环境是指安静且只有单一联想的环境。

比如，第一，我们自己的阅读专属地域。因为每次都在这个地方阅读，并且周围都是与阅读和学习相关的事物，所以阅读容易产生高效率。

第二，到图书馆、学校或书店阅读。因为这些地方不单信息单一（都是关于书籍的信息），而且还有许多人陪伴你一起阅读，这将营造出无形的氛围，帮助我们的学习。

第三，早起也是一个方法。凌晨五点起床阅读，我们就拥有了一段专属的学习时光。世界还没醒来，没有人打扰你，也没有什么事情打扰你。

5. 设定精准目标

我们常说："兴趣是最好的老师"。其实就是指，当我们思维有了主动性，吸收知识就变得轻松快速了。

可见，有清晰的阅读目标对于阅读提速很重要。当我们设定了阅读目标，并一边制作思维导图一边阅读时，每一步的阅读都变成了一个搜索信息的过程，这就是阅读目标化。

所以，无精准目标地阅读，将耗费大量时间和精力，且收效甚微；而"设定精准目标"，专注于收集和整理关键词的做法，自然会使阅读提效。

第七节 阅读技巧三：选择好书

常言道：选书甚至比读书还重要。

"你选书的眼光决定你的知识层次，并有可能最终决定你的生存层次。"

一、时间有限

一般人一生的阅读量大约是多少?据学习研究组织统计,一个普通人,一辈子读到的书籍的数目一般不会超过 2000~3000 本。我们也可以计算一下,到底自己到现在为止,除了应试的书,一共读过几本自己感兴趣的书。或者,也可以想想我们的父母,到现在为止,大约一共读过多少书。

那么,世界上,每一天有多少书出版呢?可能至少在 100 本以上。每周有多少书出版?可能近千本。每月有多少书出版?每年呢?……随着社会发展,只会有增无减。

所以,在花费宝贵时间读书的同时,我们需要考虑:"要读什么书?"

二、选书参考标准

选择书籍可以说是没有标准的,仁者见仁,智者见智。但有四个字能从一定程度上描述出大部分好书的特点,那就是:贯、摄、常、法。

1. 贯

贯是指,优质的书籍的文理都较为连贯。

整本书的文字表达环环相扣,非常精炼,没有不需要的赘述。最高境界就是,让人感觉文字不可增一,不可减一。好像增加一个文字就会显得啰唆,减少一个文字又会影响语义表达。

2. 摄

摄是指,好书都具有摄受力。

你看完好书之后,会回味无穷。读者能感受到书的强大魅力和吸引力。甚至会有百读不厌的感觉。就像宋朝宰相赵普读《论语》时的感慨:"半部论语治天下。"

3. 常

常是指,书中传递的是经得起时间考验的知识。这个特点有别于我们日常阅读的快餐式知识。

我们可以想想,平常花了多少时间阅读那些今天有用,而明天看就过时的资讯?关注过多少前几年畅销,而现在已经没人听说的图书?

同时,我们还可以算算,自己已经阅读过多少经过 100 年以上考验的书?多少是 500 年前的人写的书?或是,学过多少 1000 年前的知识,并爱不释手的?

这些问题都能反映出我们阅读和选书的习惯。

4. 法

法是指，好书会反映世间的运行法则。

举例来说，好书可以适合不同年龄的人阅读：年轻人能读出年轻的感悟，老年人能读出岁月的体会。同时，不同身份的读者会有不同的收获：政治家认为这是本治国经典，学者认为书中传递了为学之道，商人认为这里面讲到了经商的秘诀，医生认为这是踏实工作的指导，等等。

三、凭直觉选书

还有一种更直接的标准就是"感觉""直觉"。

1. 关于场地

如果要凭直觉选书，最好的场地是在大型图书馆。

图书馆和书店是有本质差别的，两个地方的内在推动力是不一样的。图书馆采购书籍的出发点是，希望这些书能永久保存；书店采购书籍的出发点是，希望它的书可以盈利。所以，图书馆更关注人性和品质，书店更关注功利和时尚。

可见，在图书馆，我们可以找到一个科目更系统、权威和高品质的藏书。"曲高和寡"，许多专业性的思想巨作都不易成为大众追捧的畅销书。

2. 选书方式

选书的方法包括三个步骤：选择、排序、分析。

第一步，选择。就是设定自己此次阅读的目标，如营销管理类、古典艺术史或免疫医学类……然后开始在对应门类的书架上进行"海选"，找出 10 本左右最感兴趣的书。

第二步，排序。回到座位，依次浏览每本书（5 分钟左右），然后将它们进行重要性排序。认为与自己此次阅读目标最近的书，放在最上面；与阅读目标第二近的书，放在第二位，依次将 10 本书垒起来。

第三步，分析与阅读。从最重要的一本开始阅读，找到与自己目标直接相关的知识要点。可以使用手绘思维导图进行分析，也可以直接制作电脑分析图（有研究需求的）。如果可以做到将前三本精读，前五本通览搜索，此次阅读就已经卓有成效了。

四、补充

读书的确需要看缘分。你看不懂的书，全世界都说这是好书，对你也没用。

读书目的至少分为两种：为考试，不为考试。我们这节探讨的更多的是基于个人偏好的选书策略。如果我们的阅读目的是专指向应试的，那么选书最基本的标准是遵循当时的考试大纲。

第八节　阅读技巧四：战略性阅读

我们从小就开始接触读书，阅读是我们学习的基本能力，但我们却很少了解基本的巧读理念。在此，我们一起来换个角度看阅读。

巧读的指导精神就是：集中火力，战略进攻。让我们可以总览全局，鸟瞰全书，找到一种"会当凌绝顶，一览众山小"的感觉。以下是不同的方法介绍。

一、旅游式阅读法

旅游式阅读法把读书比作一次旅行。我们旅行时常会有以下五个步骤：清点行李；找到地图，确定旅游路线；然后开始四处观光；接着，在某一两个心仪的地方小住几天；最后，回家回味旅程或计划再次前往。那么如何跟读书进行类比呢？

第一步：清点行李。指的就是阅读之前先思考"我脑海中有哪些相关知识？这次阅读我的目的是什么？"将自己的思路整理好后，然后才开始阅读。

第二步：找地图，确定旅游线路。就是在阅读细节之前，了解全书的知识分布。比如，我们也可以通过绘制思维导图的方式，梳理目录和标题。

第三步：四处观光。是指深入阅读全书内容，我们可以使用思维导图整理全书细节知识点。

第四步：在某地小住。指的是针对感兴趣或认为重要的内容，精细阅读。

第五步：回味旅程。是指阅读完成之后的复习，或再次阅读。

二、五步复读法

这种阅读方法将阅读分为以下五个步骤（SQ3R）。

（1）Survey（调查）：阅读的第一步是快速调查全书，搜索重要信息。

（2）Question（提问）：提出对自己有价值的问题，确定自己的阅读目标，同时激发阅读兴趣。

（3）Reading（阅读）：第三步才开始阅读书籍的具体内容。

（4）Recite（记忆）：完成阅读之后，把对自己有用的知识背诵下来。

（5）Revision（复习）：适时复习。

三、一小时读书法

这是一种很有趣的读书方法，来自施坦纳博士的《10倍速学习法》。她建议任何一本书籍，都可以开展这种"一小时阅读挑战"。具体操作方法是：不管多厚的书籍，都限定在一小时之内完成阅读。

你可能会很疑惑："怎么可能呢？怎么看得完？"答案是："这是可能的。"我们只需要制订一个对应这本书的阅读时间计划，就可以实现了。

1. 操作方法

举例说，我们找到一本书，有5章。那么就可以计算出，每个章的阅读时间为12分钟。然后进一步，我们可以规划出用在每一节大概有几分钟。比如，如果第一章有4个小节，那么每一节的阅读时间约为3分钟，这让我们对阅读速度有了概念。

制订完时间计划之后，我们就可以开始限时阅读了。把时钟放在旁边，一章的时间限一到，就跳到下一个章阅读。以此类推，直到60分钟结束。

如果你问，"那12分钟还没有看完一章的内容呀！"我想说："没关系，没看完也直接跳到下一章。等一小时结束之后，我们再考虑未读完的部分。"

2. 收获

完成了这本书的"一小时阅读计划"，我们将得到这样的收获：首先，你的大脑被激活了，许多未完成的思路在脑海回旋；其次，好奇心更强了，你很想去读某些没有看完的内容；同时，你会获得信心。原来这本书也不太难，我在一个小时之内就读完了这本书的基本内容。

四、30-3-30 读书法

这种方法是专门为在书店阅读而准备的，它让你可以快速且深入地获取书中的有效知识。它和前面的方法异曲同工，但在时间分配上做了特殊的建议。

它建议在书店阅读的时候，每一本书，最多花费 30 分钟阅读全书，花 3 分钟锁定目标，最后再花 30 分钟深入阅读目标内容。然后，书中其他内容基本可以忽略了。

总结以上推荐给大家的四种巧读方法，有一个共同的逻辑：阅读前制订科学的计划，并通过多次覆盖的方法巩固阅读，而不是一本书只读一次。

英国数学家哈默顿对阅读方法的总结是："阅读的艺术，就是指导怎样适当地略过不必要阅读的部分。"

第五章 思维导图与时间管理

思维导图与时间管理之间关系紧密。有时就像硬币的两面：思维导图运用了时间管理的原理，时间管理体现了思维导图的精神。

在第五章中，我们会分五个部分介绍思维导图与时间管理的结合运用方法。第一节，探讨如何使用思维导图完成经典时间管理的"三个步骤"；第二节，从日程管理、月度管理和人生管理三个实操角度呈现"10件事管理法"；第三节，从制作"时间收支预算表"和"时间结算清单"开始，来讨论生命管理这个话题；第四节，与大家分享两种生命"理想路线图"的制作方法；第五节，从潜意识时间管理的角度与大家共同探索时间管理的更多可能性。

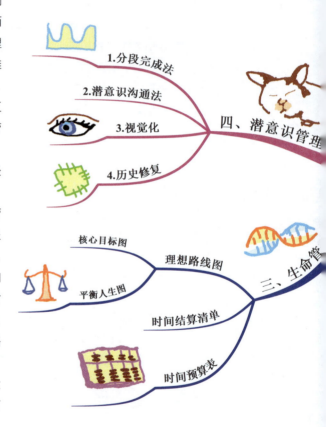

第五章 思维导图与时间管理

第一节 时间管理"三步骤"

掌握时间管理的理念,是有效使用思维导图进行管理时间的基础。

时间虽然看不见,摸不着,但它是具体真实的存在。所以我们需要了解,如何把握并运用"时间"这个东西。以下提炼了时间管理的三个经典步骤,并呈现了它们是如何与思维导图进行有机结合的。

第1步:完整罗列

"阿尔卑斯山法则"是这种方法的充分解读。就是在目标时间段中,我们认为需完成的任务,先全部记录下来,就像在堆砌阿尔卑斯山一样,然后再进行排序与计划制订。

排列目标时间段的所有事务的过程,我们可以用思维导图进行"自由发散联想":拿出一张白纸横放,先简单地绘制中心图(中心图可以用"大圆圈 + 时间关键词"表示),然后围绕中心发散出你认为需要完成的任务。

第2步:重要性排序

这是时间管理的核心所在。

时间管理能力的优劣，主要在这个环节见分晓。每个人都可能有许多相似的事情待完成，但由于不同的人在内心选择了不同的排序方法，结果就成就了不同的人生。那么，我们到底要如何将所有待完成事项进行排序呢？以下讲到三个指导原则。

1. 时间管理四象限

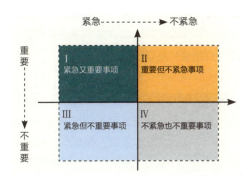

原则1就是把所有事情分为四种，根据它的重要程度和时间紧迫程度来区分。排第一位的是"既重要又紧急"的事情；排第二位的是"重要但不紧急"的事情；排第三位的是"紧急但并不重要"的事情；第四位的是"既不重要也不紧急"的事情。

如果待办事情属于第一类"既重要又紧急"，那么它基本是我们开始做的第一件事情。因为"一年之计在于春，一日之计在于晨"，最好的精力要用在做最重要的事情上。

如果事情属于第二类"重要但不紧急"，那么这类事情很可能是需要用"细水长流"的方式去完成的。比如"健身""学英语""美容保养""心灵成长"和"陪孩子玩游戏"等。我们可以把这类事情作为每天固定的日程安排，这样，它们就变成生活理念和生活习惯的一部分。

如果事情是第三类"紧急但不重要"的，那么我们最好让别人代替我们去做，或者只用当天零碎的休息时间去完成它们。而绝对不能将这类事情作为今天要做的第一件事情。

最后，如果我们发现想要做的事情属于第四种类型"既不重要也不紧急"，那么它们就可以直接从当天的行动计划中划掉。

2. 保质期理论

不单食品有保质期，每一件事情也有保质期。选择食物时，保质期越短越好，因为这说明食物没有添加防腐剂；但选择做什么事情时刚好相反，保质期越长越好。

那么，什么是做事情的保质期呢？

我们发现每一件事情都有相应的时效，或者说这件事情对我们的影响力时间。比如，每月交水电费，保质期是一个月，因为下个月还需要重新再交；看娱乐新闻，保质期可能只有十分钟，因为看完很快就将这件事情遗忘了；每天健康的养生方式，可能对我们一生都有益处，所以保质期较长；同时，为我们的长远目标服务的事情，保质期也会较长。

所以，我们最好弄清楚自己的中长期人生目标，然后做与目标正相关的保质期较长的事情。尽量减少把时间花在保质期很短的事情上，因为那是一种时间的浪费。同时，最好完全不做与自己目标负相关的事情，无论保质期的长短。

3. 二八定律

这个原理又叫"帕累托定律"或"最省力法则"。它体现了生活中的不平衡现象，也反映出投入和产出之间的比例关系。具体来说，研究者通过统计发现：

20% 的时间带来生活中 80% 的价值；

20% 的客户带来 80% 的业绩；

20% 的品牌占有 80% 的市场份额；

公司 20% 的员工创造 80% 的效益；

股市中 20% 的大户占有 80% 的主流资金；

20% 的朋友打来的电话，占你所有接听电话的 80%；

20% 的人明天的事情今天做，80% 的人今天的事情明天做……

由此可见，做最重要的事，见最重要的人。执行时关注核心环节，用人时关注核心人才。人们追求"帕累托最优"的过程，就是一个决策的过程——将有限的资源进行最优配置，实现最大价值。

有了以上三个基础原则，相信我们对于如何将各种事情进行编号和排序，就有了一些思路和标准。然后，每次完成排序之后，先完成排序前三的事情。多数时间管理专家都认同，如果当天我们做完了最重要的前三件事，那么当天已经完成 80% 的任务了。

如果我们对于"什么是生命中最重要的事情"这个问题的答案还有些模糊，那稍后就跟随本章第四节的内容进行一次长期规划吧。

第3步：制订计划

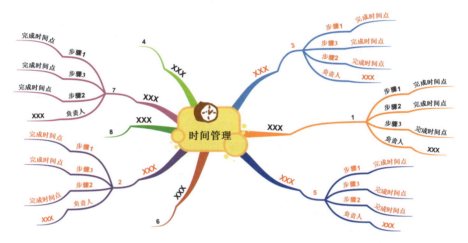

具体分解事件的步骤，可以翻看第四章关于工作规划的内容。那里已经详细地探讨了用思维导图制订行动计划的各种方式和 dead line 思维模型。而在这里，我们重点来聊聊计划的时间期限——死亡期限（the dead line）的重要性。

时间期限是指，当我们制订行动计划的时候，每项任务具体的细节流程都需要附上对应的"完成时间"，这也像是一个自己与自己签订的协议。

"如果没有时间限制，就不存在时间管理了。"设定时间期限的关键在于：坦诚面对自己——不要虚报时间，尽可能客观计算时间成本，给自己充分而合理的行动时间。

如果自己欺骗自己，当下我们做计划的时候，可能很开心，但结果会后患无穷。第一，我们可能逐步因此而厌恶与自己协商时间计划，因为每次沟通都是一场自我欺骗；第二，我们也可能会在自责中失去实现目标的动力，因为过于理想化的时间预期让我们失去自信和行动耐心。

当然，随着我们不断总结和回看自己以前的时间目标，并不断认识自己的行为特点，时间设定的准确性就会不断提升。

第二节　10件事管理法

今天来讲个很实用的方法。让我们通过"10件事""三个步骤"进行每天的时间管理，每月事务安排，甚至还可以进行生命重要性的导航。

为什么是"10件事"？这是根据普遍的经验、能力、习惯等因素设定的。大部分人每天需要做的事情都少于10件，所以它可以满足我们每天时间安排的最大需求。但这不是一个绝对的数值，而是一个时间管理方法的理念。如果你有5件事需要做，就用这个方法规划5件事；如果超过10件事，方法步骤也是一样的。

一、日程管理：今日10件事

日程管理是时间管理的基础，也是每日自我沟通的好习惯。在开始一天的学习和工作时，我们可以拿出一张白纸或无分格线的笔记本，来做一张当天时间安排的思维导图。接着将通过一个模拟案例来进行解读，分三步走。

第一步：自由发散联想

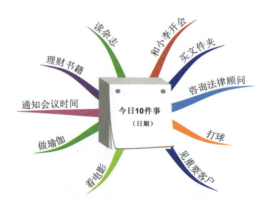

你想到什么，觉得今天想完成的是什么事情，都可以写下来。比如案例中写道，买文件夹，读休闲杂志，和同事小李开会，阅读理财书籍，咨询法律顾问，看电影，打球，通知下周会议时间，见重要客户，还有做瑜伽。

第二步：重要性排序

重要性排序就是将所有想到的事情，按照重要与否进行编号。在此我们列举两种排序方式，它们分别代表着不同的生活价值观。

排序方法一

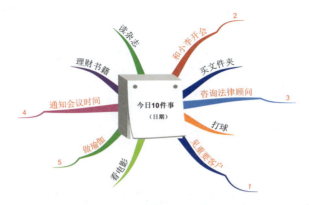

如上图所示,如果我们将工作作为生活的重点,很可能会将"见重要客户"放在第一位,开会放在第二位;然后,将健身和娱乐等放在后面。

排序方法二

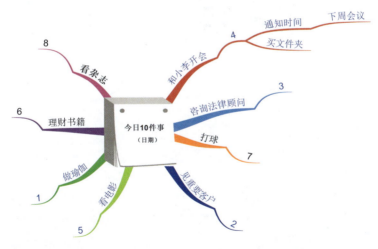

如果我们更关注个人的健康和心灵成长,可能会将"做瑜伽"作为今天的第一件事情;然后才是工作,比如"见重要客户",如上图所示。

这里没有标准的排序方法。不同价值观和做事习惯的人,将以不同的方式进行排序。

排序的核心理念是:先做我们认为"重要而紧急"的事情,再做我们认为"重要不紧急"的事情，用零碎时间或安排他人来帮助我们完成"紧急而不重要"的事情，对于"不重要不紧急"的事情我们可以直接放弃。

第三步：制订计划

就是按照刚才排序的顺序，依次制订每件事项的行动计划。每个行动步骤需要以"设定好时间点"作为思考的结束（没有时间节点，就等于没有做计划）。以下呈现两个不同的排序方式的行动计划。

行动计划一

如上图所示，我们认为"见重要客户"这件事情最重要。可以分成三个步骤来完成，9:10前电话邀约，10:30或14:30去拜访，16:00前回单位落实这位客户的下一步服务工作。

"和小李开会"第二重要，我们计划在9:20—9:50进行。会议的主题是讨论产品升级方案，交流如何进行更好的客户信息管理，以及对于下一阶段的市场营销新政的细节执行思路。

第三件事情是"咨询法律顾问"。方式是通过电话沟通，时间可以约在今天16:00或明天15:00。具体咨询的内容有海外市场贸易法规和新合同起草事宜。

然后，第四件要做的事情是"安排下周会议"，"做瑜伽"是当天计划的第五件要做的事。当发现时间有限，不可能全部完成的时候，就可以选择性放弃排在最后的事情，比如"看电影""看杂志"和"打球"。

行动计划二

如上图所示，如果把"做瑜伽"放在第一位，完整的计划就变成这样：在早餐前 6:00—6:30 做瑜伽，如果时间来不及，可以 9:00—9:30 在自己的办公室做瑜伽。

然后把"见重要客户"与吃饭结合在一起。9:40 打电话，约客户在中午 12:30 吃午饭或晚上 7:30 吃晚饭，并准备在晚上回家后制订服务方案。

第三件事情是"咨询法律顾问"。计划通过邮件的方式，咨询企业并购项目和职员股权方案两个内容。安排早上 9:30—10:30 的时间来写邮件。

接着，上午最后一件事情是"和同事小李开会"，并安排整个下午 2:30—6:00 的时间"陪家人看电影"。当我们发现今天实在没时间完成"打球"这件事的时候，也可以将此事项移到周六完成。这样，工作和娱乐都不耽误了。

小结

"今日 10 件事"的价值如下。

（1）让每天的时间安排更有条理，有助于我们养成每天先做重要事项的习惯。

（2）养成了一个每天与自己内在心愿沟通的好习惯，有利于释放内在压力。

（3）让时间板块化，将每天需做的小事填补在时间缝隙中，比如"做瑜伽"和"每日阅读"。

二、每月 10 件事

"每月 10 件事"适合在月初或月末的时候，对下个月的重要事务进行梳理。

我们都知道,"一日之计在于晨,一年之计在于春",同样,"每月之计也在于月初"。我们一起来通过一个模拟案例实践一下。

第一步:自由发散联想

我们将这个月认为重要的事务,全部罗列出来。比如,新产品上市,交水电等杂费,与家人爬山,高管例会,团队内部培训,陪孩子学游泳,自学金融知识,参加学习研讨会,出差上海,客户答谢会。

第二步:进行重要性排序

这个步骤十分关键。因为不同的排序方式,将决定事情和工作向不同的方向发展。这里也列举了两种排序方式。

排序方式一

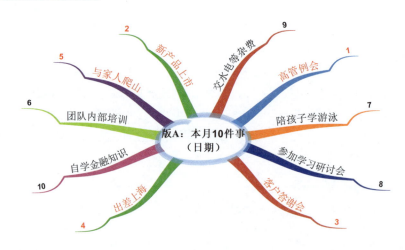

计划者打算，先开"高管例会"，确定公司下一步运营计划，这是最重要的事情。接着就进行"新产品发布"，然后，举办一次面向合作商家的"客户答谢会"，进一步推广新产品。第四件事情，是去"上海出差"考察新项目。

除此之外，计划在完成了一部分核心工作之后，准备"与家人爬山"，进行阶段性休息。

排序方式二

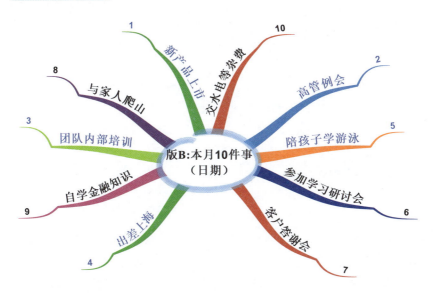

有的人则认为，下个月最重要的事情是让"新产品上市"。接着是开"高管例会"和进行"团队内训"，因为这样可以根据新产品的上市情况制订公司的下一步发展规划，同时，有针对性地进行员工培训。

然后是"出差"洽谈新产品合作事宜，并计划出差回来，就"陪孩子学游泳"。

第三步：制订计划

制订计划就是根据自己的排序顺序，依次规划每个事项的执行方案、负责人和时间节点。第一张图是为把开"高管例会"认为最重要的人制作的行动计划；第二张图是根据将"新产品上市"作为最重要的事情而定的计划。这进一步体现了不同的排序方式将带来不同的人生。

行动计划一

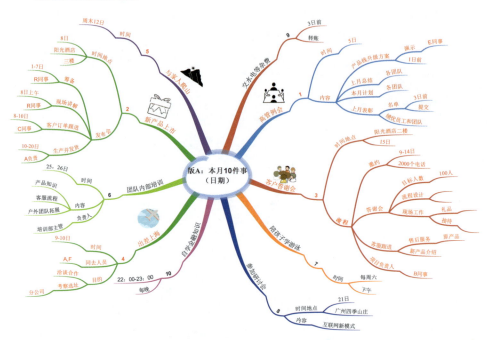

上图详细地分析了"高管例会"的核心内容,"新产品上市"的发布会流程,以及"客户答谢会"的具体思路。

首先,高管例会定在 5 日,主要内容是:在 1 日前确定产品线升级方案,并在会议中由 E 同事负责演示说明;由各团队自行安排人员,现场总结上月工作,并宣讲本月计划;然后是 3 日前拟定名单,在会议中对上月绩优的员工和团队进行表彰。

其次,新产品发布会定在 8 日,在阳光酒店的三楼进行。主要流程有四个:1—7 日,由 R 同事负责,发布会前期筹备;8 日上午,由 R 同事进行现场演示;然后 8—10 日,由 C 同事负责客户订单跟进;最后是 10—20 日,由 A 同事负责生产与发货。

再次,客户答谢会由 B 同事负责,15 日在阳光酒店二楼举行。流程包括三个环节:邀约,目标是在 9—14 日,完成 2000 个前期邀约电话; 15 日答谢会现场,计划邀请 100 人参与,设计好活动流程、接待流程和现场礼品;然后是客服进行后期跟进,包括原产品的售后服务和新产品的介绍。

排在本月最重要的这三件事情之后是"去上海出差"和"陪家人爬山"。

行动计划二

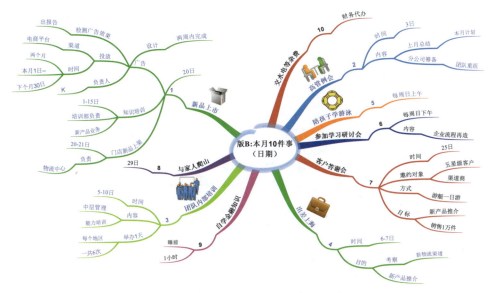

这是第二种排序的计划思路,第一件要做的事是"新产品上市",第二件事情是"高管例会",第三件事情是"团队内部培训",接着是"出差"和"陪孩子游泳"。

我们可以具体把20日的"新产品上市"分成"广告宣传""新业务知识培训"和"新产品上架计划"三个部分。其中"广告宣传"由K负责,在两周内完成设计,并在接下来的两个月进行电商广告投放。最后上交关于广告效果的总结报告。

计划在3号开"高管例会"。内容主要是三个:总结上月公司业绩,计划本月经营目标,以及讨论分公司筹备与团队重组。

例会结束后,计划在5—10日进行"团队内部培训"。内容是关于中层管理人员的能力提升训练,方式为在每个地区举办1天,一共举办六次培训。

小结

总结一下"每月10件事情"的要点。

(1)我们可以通过这样的规划平衡工作与生活,厘清理性事务与感性事务。

(2)将自己认为重要的操作要点记录下来,并写上时间和负责人。

（3）没有唯一标准的计划方法，只有最适合自己行为和企业文化的计划。

三、人生 10 件事

人生规划是一个庞大的工程。在此我们可以先通过"10 件事"这个窗口，了解自己对人生的思考，并发掘出自己认为最重要的 10 件事情。这里列举了两个例子，我们一起来体验一下。

A 伙伴的思路如下。

他认为最重要、一定要完成的"人生 10 件事"是：结婚，创业，财富自由，旅游，大房子，车子，阅读，生孩子，学画画，还有学烹饪。然后他将这 10 件事情进行了一个重要性排序，如下图所示。

他将"创业"排第一,因为他认为事业很重要;然后是"结婚"和"阅读",这样可以建立稳定关系并追求持续的自我成长;接着是"生孩子",还有"旅游"。看来他希望和家人一起旅游。下一步,根据排序的先后,制订相应的行动计划。

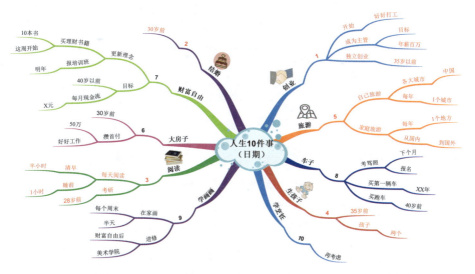

如上图所示,我们可以在每件重要的人生大事上,设定理想的年龄线和行动步骤,以此对自己的整个生命过程进行思考。

比如,排第一的是"创业",步骤是先从职场基层开始,然后成为高级管理人员(目标是年薪百万),接着计划在35岁前独立创业;排第二位的是"结婚",计划在30岁以前完成;排第三位的是"阅读",计划每天阅读时间为早上半小时和睡前1小时,并打算在28岁前考取研究生;A伙伴认为第四重要的人生大事是"生孩子",理想状态是在35岁以前养育两个孩子;第五重要的事是"旅游",理想是每年自己旅游一次,并在有条件的时候带家人一起旅游。

B伙伴的思路如下。

她认为人生中最重要的事情是：学舞蹈，锻炼身体，吃遍全世界，买钢琴，留学，做义工，跳伞，谈恋爱，创业和财富自由。第二步，她进行了重要性排序。

先是"做义工"；接着是"锻炼身体"，保持良好的身体状态；然后是希望"谈恋爱"和"出国留学"。接着才是"创业"并获得"财务自由"。

第三步，细化行动方案。

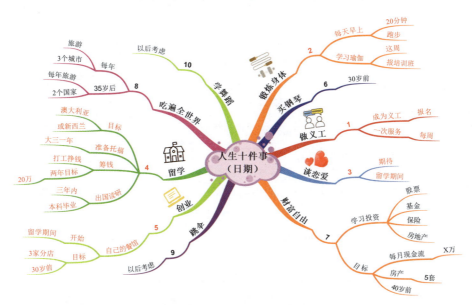

为了让人生的 10 件大事得以实施，需要具体制订行动计划。

首先是"做义工"，可以现在就行动起来，报名成为社会义工，并每周安排一个时间参加服务；其次是"锻炼身体"，这也可以从明天就开始行动：早上跑步 20 分钟，这个周末报名参加瑜伽学习班；接着，B 伙伴第三件人生要事是"谈恋爱"，认为自己最理想的是可以在成功留学之后，遇到另一半；排第四位的是"留学"，目标是去澳大利亚或新西兰的大学读研究生，计划从大三开始准备托福考试，并努力在两年之内通过自己的努力筹集上学学费 20 万元；第五件人生大事是"创业"，B 伙伴希望在留学期间可以开自己的小餐馆，并在自己 30 岁以前扩张 3 个分店。

通过思维导图的规划，我们可以一步一步将理想中的人生要事理顺，并制订基于当下行动的操作计划。

小结

总结一下"人生 10 件事"的要点。

（1）这是一个好问题、好机会，可以了解自己的人生观。

（2）可以让我们的思考跨越整个生命轴，有利于实现平衡、丰富的人生。

第三节　生命管理1：时间预算与结算单

我们常说，"生命无价"。想表达的意思是，生命宝贵，时间比金钱更有价值。但实际上，大多数人更在乎"钱"，而不太珍惜"时间"。

其实，时间就是一种货币，能用来兑换梦想；也是一种魔法，可以创造出一切美好。比如，美妙的爱情、幸福的家庭、强健的体魄和智慧的人生。

所以，我想说，对自己的时间不负责任，是一个人最大的损失和遗憾。但是，这样的事情却时常发生。

在教思维导图的过程中，常会发现，生活中的大部分人根本不需要思维导图。因为他们从来都不需要思考，生活照样过。如果你问他们，"你明天的计划是做什么？"他们的回答是"不知道"；你问他们"那你下个月计划做什么？"他们会皱起眉头，无法回答；如果你还问他们"那你明年计划做什么呢？"他们已经开始觉得你是一个很烦很没趣的人了。

所以，可以猜测，他们更不可能有五年或十年以后的"人生线路图"。

不过，改变随时都不晚，当下就是最佳时刻。我们先一起来看看如何制作"时间收支预算表"和"结算清单"。

一、计算生命过去的价格

1. 价格计算公式

这个环节是让我们对自己过去的时间管理方式进行一次总结。尤其对于还在职场打拼的伙伴，这样的时间价格统计方法，可以较为准确地反映出自己过去时间管理的成效。

计算方法很简单：

每月各种收入 /30 天 = 每天的时间价格；

每天的时间价格 /24 小时 = 每小时的时间价格。

以下这个列表，呈现了不同收入段的人员的时间价格阶梯，不同的年收入（包括工资与其他各种收入），对应不同的月价、日价和时价（单位：元）。

年度价格	年收入 3.6万	年收入 6万	年收入 12万	年收入 50万	年收入 100万	年收入 500万
每月价格	3 000	5 000	10 000	约41 000	约83 000	约416 000
每日价格	100	167	333	1 389	2 778	约14 000
每小时价格	8	14	28	116	231	1 157

通过价格计算，我们会发现，同样是人，都有 24 小时，但每个人的时间和生命的价格却有天壤之别。

时间价格高的人与时间价格低的人，他们的行动和时间分配标准是不一样的。同样一件事情，有的人觉得值得做，划算，而有的人会觉得很亏本。有个很好玩的桥段，恰好就反映了这种时间价值观的差异。

一个记者问比尔·盖茨："如果你看到地上有一张 100 元，你是否会弯腰将它捡起来？"盖茨幽默地说："不会。因为我弯下身子捡钱所浪费的时间，会让我损失更多钱。"

所以，如果我们每天还乐此不疲地在买菜时为了 3 毛钱而讨价还价 10 分钟，只能说明，我们的时间太不值钱，我们对自己的生命太不认真。

2. 价格与价值

当然，这个计算过去生命价格的方式，并不能准确地反映出"创业企业家"过去一年的生命价格。因为"创业企业家"很可能处在事业的塑造期和上升期，当下收入不多，甚至企业还有亏损，但是他（她）的企业和个人的"估值"却很高。

同时，值得一提的是，计算出来的结果只代表"过去生命的价格"，而不是"价值"。我们都知道，价格只能反映价值，而价值决定价格。所以，只要我们持续提升"个人价值"，生命的"价格"就会随着价值进行波动。

二、时间收支预算表

时间既然是比金钱更有价值的财富，那么我们就应该认真地制作"时间收支预算表"。以下制作了"未来 35 天"的时间收支预算表。我们现在可以一起来填一下。

第一步，先在表头选择，工作还是驻家。

第二步，在表中用圆圈圈出已有工作安排的日期，并写上对应的工作内容提要。

第三步，在已有的工作安排日期中，在认为是自己非常喜欢的事项旁边打勾；在认为不是自己喜欢，而只是被要求完成的事项旁边打叉。

（工作，驻家）

星期日	星期一	星期二	星期三	星期四	星期五	星期六
30	31	1	2	3	4	5
6	7	8	9	10	11	12
13	14	15	16	17	18	19
20	21	22	23	24	25	26
27	28	29	30	1	2	3

这样我们就把这个"预算表"初步填完了。

接着，我们来分析一下："预算表"上，如果大部分是空格，说明你在挥霍生命；如果"预算表"中大部分已经填上事项，但主要是打叉，说明你在使用生命；而如果"预算表"上大部分填了事项，并主要是打勾，说明你是比较爱惜生命的人。

"第一种情况，你并没有真正存在；第二种情况，你并不是你；在第三种情况下，你就是你。"

回顾可知，我们本来拥有掌握生命和创造未来的能力，但很多时候并不重视。因为我们连自己下一个月的时间，都没有认真安排好。

现在一起来：如果多数是空格，那就把空格填满，变成自己的财富；如果多数是打叉，那就把不喜欢的事情变成喜欢的事情；如果多数是打勾，那就继续坚持做自己喜欢的事情。

三、时间结算清单

以上我们将 35 天时间做了一个放大思考，但实际生活中，我们的"时间收支预算表"要大得多。大家可以使用 Excel 表格软件建立起未来 3~10 年的"时间收支预算表"，来协助我们规划各项事宜。

同时，将"时间收支预算表"最终转变为"时间结算清单"，才是一个完整的时间管理过程。具体做法如下，一共可以分为四个步骤。

第一步，在 Excel 中创建多个表格，每个表格代表一年的时间，并用那一年的年份作为表格的名称。

2020年	1	2	3	4	5	6	7	8	9
一月	星期三	星期四	星期五	星期六	星期日	星期一	星期二	星期三	星期四
二月	1 星期六	2 星期日	3 星期一	4 星期二	5 星期三	6 星期四	7 星期五	8 星期六	9 星期日
三月	1 星期日	2 星期一	3 星期二	4 星期三	5 星期四	6 星期五	7 星期六	8 星期日	9 星期一
四月	1 星期三	2 星期四	3 星期五	4 星期六	5 星期日	6 星期一	7 星期二	8 星期三	9 星期四

第二步，每个表格的结构都可以是纵轴为月份，然后每个月的时间横轴单独列出。上图列举了2020年的"收支预算表"的一部分的制作方法，其他部分以此类推。

第三步，将想到的未来需要做的事情，填到未来的时间日期对应的空格中。

第四步，在事情完成之后，将真实发生的事情进度修改记录在表中。这样，"时间收支预算表"就可以变成"时间结算清单"了。

这一步非常重要，这使得表格得以真正完成。它将有利于我们日后对自己前一段的生活轨迹进行回顾和总结。

第四节 生命管理2：理想路线图

那么，如何发挥时间的最大价值？如何可以让人生"少走弯路"，多走"直路"？这一节探讨的是两张思维导图，让大家从多个角度探索自己的"理想路线图"。

我们都知道两点之间直线最短，问题是，"人生的两个点在哪里？""从当下这个点到哪个终点？""终点是什么？"

其实，生命管理的终点，并不是简单的生命的完结，而是"我们的人生追求""我们想做的事情",或者"我们想成为的人"。

所以,我们可以通过思维导图整理出"人生想走的路",然后再用每日的思维导图计划,将人生路上无数小终点理顺和细化。这样就最终形成属于我们每个人独一无二的"理想线路图"。

一、人生核心目标图

"人生核心目标图"将生命的过程根据年龄阶段分成多个主干,然后思考每个生命阶段的三大核心目标,如下图所示。

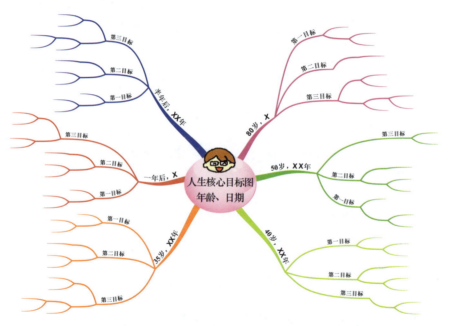

具体制作步骤如下。

第一步,思维导图的中心图可以是我们自己的头像。然后画出六个主干,分别是:"80岁""50岁""40岁""35岁""一年后""半年后"。六大主干可以根据绘图者的具体年龄进行微调。核心理念是:从年长往回推算,时间间隔先疏后密。最后两个主干"一年后""半年后"则可不需要调整。

第二步,每个主干画三个分支:"第一目标""第二目标""第三目标",并写上想到的目标关键词。

第三步，根据目标关键词，进行自由发散联想和探索，最终写出自己当下想到的、实现目标的所有关键步骤和对应时间节点。

二、平衡人生要素图

"平衡人生要素图"的主干也是根据年龄来区分的，但探索思考的内容有所不同。它注重人生不同主题平衡发展的理念，引导我们探索每一个生命要素的阶段性核心目标。

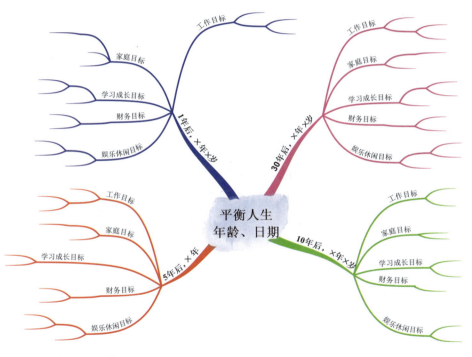

具体制作步骤如下。

1. 画中心图

纸张横放。绘制中心图，并写上当下的年龄和日期。

2. 画四个主干

根据倒序的方式整理时间分支。可以是"30年后""10年后""5年后""1年后"，也可以根据自己的年龄和需要调整。原则是从远到近，先疏后密。

接着，每个分支可以细分五项："工作目标""家庭目标""个人学习成长目标""家庭财务目标"和"休闲娱乐目标"。这样我们可以从多个维度，思考自己的人生追求。在这里，有以下两点提示。

提示一：细分项是可以调整的。因为每个人对自己生活的维度理解都不一样，所以我们也可以增加自己认为重要的分项，比如"公益目标""健身目标"等。

提示二：排列细分项的顺序是很个性化的决定过程。根据自己认为的重要性，将"工作目标""家庭目标""个人学习成长目标""家庭财务目标"和"休闲娱乐目标"重新进行排序。比如，可以把"个人成长目标"排在第一，也可以把"家庭目标"或"财务目标"排在第一位。

3. 发散性思路探索

在思路延伸的过程中，我们在自己灵感很多的位置，写详尽些；在自己认为不太重要的地方，简略写。唯一需要注意的是，每个联想的事宜，都尽可能有确定的实现步骤和时间点。

三、小结

1. 30 分钟完成，30 天思考

我们可以花 30 分钟完成初稿，然后再花 30 天左右的时间不断思考和修正，最终得到我们当下生命阶段的理想路线图。这有利于培养我们的战略眼光，实现平衡人生。

2. 启动持续的导航

绘制"理想路线图"的过程，可以给予自己一个启动思考的契机。然后会在这几个问题上越来越清晰："我到底想要做什么？""什么对我是重要的？""我要怎么朝着我的理想人生迈进？"

3. 定期调整

随着自身的成长，我们对人生的规划也会变化。所以，每过 5 年左右，在我们认为需要调整的时候，可重新做一次规划。

第五节　潜意识时间管理法

时间看不到，摸不到，无色无味，可以感受，无法具象。那是什么样的东西？如何管理？时间到底在哪里存在？我想说，时间在我们的意识中存在。

所以，时间管理首先是意识管理。

意识分为表意识和潜意识。表意识的时间管理是最基础的，我们都需要掌握，如重要性排序方法、如何制订计划等。在此，我尤其想讲的是一些关于潜意识时间管理的理念。

1. 基本概念

什么是潜意识？它是指我们心理活动中，不能认知或没有认知到的部分。这个部分占我们全部意识中的 80%，甚至更多。也就是说，我们可以感知到的意识活动，其实只是我们真正意识过程的冰山一角，只占全部意识活动的 20%。

可见，我们真的知道自己正在想什么吗？其实，我们大部分正在思考的东西，都无法感知。这很像电脑程序运行的前台和后台的关系。我们知道电脑桌面正在进行的项目，但是，电脑的后台可能正在同时运行另外 10 个文件，我们完全不知道。

2. 活动特点

特点 1：持久性工作模式。

我们很可能有过这样的经历，就是遇到一个很熟悉的人，但是实在想不起他的名字。然后，事情过去几天或几个月之后，猛然有一刻我们就想起了他的名字："哦，对了，上次遇到的那个人叫 XXX！"

这就是潜意识工作的方式。我们想不起一个名字，然后这件事情好像过去了。但事实上，这个寻找名字的指令一直在我们的脑海中运转，只是在意识的后台运转，我们没有任何觉察。等到名字在大脑中找到了，这个结果才会从后台输出，呈现到我们的意识表面上，让我们接收到："哦，我想起来了！"

可见，潜意识的工作特点具有持久性，而且可以同时运转许多任务。

特点 2：决策的隐含性。

潜意识很多时候决定了我们的行为，在我们完全想不明白的情况下。

我们有时会遇到一个人，感觉很喜欢或者很默契，于是很乐意与他成为朋友；我们也会遇到另外一个人，却感觉很不好，但说不出为什么，然后会尽可能快地远离这个人。

这就是潜意识的决策过程。潜意识信息量非常大，表意识根本无法辨析，所以我们通过感觉来接受信息。我们之所以对一个人很有好感，原因可能很多：可能是他与我们长久寻找的一个目标相吻合，也可能是彼此经历相似；我们对一个人很讨厌，可能是因为潜意识感受到他的一些危险性，或勾起某些回忆等原因。

总结可知，潜意识对我们行为的影响是关键性的，经常比理性思考对行为的影响更大。所以，学会运用潜意识来进行时间管理，对我们的实际生活和工作将有巨大的帮助。方法有以下几种。

（1）分段完成。

潜意识的作用随着时间的延长而凸显。所以通过将时间分段，我们能让潜意识有更多工作的机会。

例如，我们要举办一个重要活动，可以提前很长时间完成构思，然后放下去办别的事情。举办活动这件事情就开始在我们大脑的后台继续思考和完善。过了一段时间，活动临近了，再继续正常准备活动，我们就会发现，我们的思考和准备会更充分。

拿讲课来说，如果知道1个月后有一次课程，我们可以现在就先完成课程的设计，然后放下去办别的更紧急的事情。这时课程思路的完善就开始进入后台运作。过一段时间，等课程日期临近了，我们再去正常准备课程，也会发现，课程能做得更好。

所以，提前构想，让大脑的后台有思考任务，不要将事情拖到最后一刻才开始筹划。

（2）潜意识沟通。

我们与他人会面之前，可先通过潜意识进行沟通。如果能通过静坐的方式更好。

例如，过几天要与某人见面谈合作，而且这个见面很重要，我们希望准备得更充分。同时，我们对这次见面心存顾虑，感觉与那个人沟通有障碍。此时，我们可以使用潜意识沟通法，为真实的见面做准备。

做法是：找一个较安静的位置，深呼吸，闭上眼睛，开始与那个人对话。

等自己和对方的形象都在脑海中出现后，就可以开始聊了。聊什么都可以。你问一句，然后那个人会回答一句。我们的心越安静，冥想越深入，就可以得到对方越真实的回复。因为我们正在与他的潜意识建立连接。

经过在冥想中与对方的问答和交流，我们可以更好地预见真正见面过程中交流的情况，使得在真实交流中，两人之间的心理连接更容易达成，大大提高沟通效率和工作成效。我们的静心能力越强，潜意识沟通将越清晰。

（3）视觉化。

通过视觉化想象的方式，我们将最理想的目标在心中预演。这是一种很好的潜意识时间管理法，可以提升实现目标的速度。

比如，我们可以想象以后要购买的房子，或者是想象理想中的工作状态，也可以想象一次成功的活动现场……

想象未来目标场景的过程，像是内心发出了一个信号，启动了目标的召唤令。我们的身心及整个世界的能量，都会开始响应我们的梦想。

（4）历史修复。

已经发生的事情，对我们有什么价值？我想说，已经发生的事情，都是我们创造下一个成功的素材。

为什么？因为已经发生的事情，就像一个片场，在那里我们知道整个情节的发展。这样，我们就可以成为自己的导演，重新将过去的事情修复成理想的情节过程。

做法是：每天结束之后，静静地给自己一点时间来回顾当天所有的行动影像，从起床开始，到做的每一件事情，直到这一天结束。

然后，重新回到当天的某些时间点，开始修复自己的行为。与自己的内心沟通并达成共识，"下次遇到类似的情形，我会这样行动"。并在脑海中按照理想的样子，想象一遍。

这种方法可以帮助节省大量时间。

因为我们经常把时间浪费在同一个错误——坏习惯上，或者说行为的盲目惯性。而历史修复法让我们有机会观察到自己的行为惯性，并非常有针对性地进行行为再设计，让下次在现实生活中遇到类似情况时，潜意识训练有素。

第六章 会议思维导图

会议思维导图是工作应用的一个重要范畴，它的重点在于整合团队的资源。

本章第一节讲到如何开展头脑风暴会议，重点是在会议主导者的领导之下，进行高效的扁平化沟通；第二节是针对举办会议的流程设计进行探讨；接着我们分析一下思维导图与演讲之间的关系，如何整理他人演讲，如何规划自己的演讲；最后运用思维导图的特点，为大家的讲课筹备出谋划策。

第六章 会议思维导图

第一节　会议头脑风暴法

一、思维导图头脑风暴的价值

1. 集思广益

思维导图用于会议讨论时,可以把每个人的观点清晰地排布在图中。我们不会因为讨论的时间很长,内容很多,而遗忘任何重要的灵感。思维导图上的关键词会持续引导我们。

2. 快速高效

由于我们一边讨论一边绘图,所以讨论的内容可以快速得到整理,并且每个人都很清楚会议推进的方向。这样,会议讨论将可以凝聚每个人的注意力,高效而有成果。

3. 主题明确

在使用思维导图组织会议的时候,很难跑偏,容易回到中心问题。因为思维导图的结构是从中心向分支发散的,所以它时刻提醒我们分清主次,围绕核心问题进行讨论。

二、绘制形式

绘制头脑风暴会议思维导图有两种方式,一是多人共同绘制,二是一人主导绘制。

1. 多人共同绘制

案例 A:"班组建设"头脑风暴

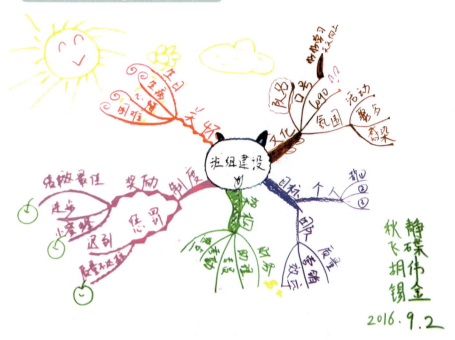

这是在企业内训课堂上的一次头脑风暴会议,主题是"如何进行班组建设"。图中他们将班组建设分成五大板块:文化,目标,架构,制度,关怀。

其中"文化"的部分又包括设计队名、口号、LOGO,如何营造良好的班组氛围;"目标"的部分包括个人目标与团队质量、营销和效率目标;"架构"的部分包括财务、助理、专员、考勤和热点;"制度建设"方面包括奖励制度和惩罚制度;"关怀"的部分包括生日庆祝、生病关怀、心情关注和困难帮助。

全部的学员分成若干组,每 5 个人左右为一组。大家先绘制自己的思路,然后进行集体讨论,并整合所有理念,共同完成这张思维导图。

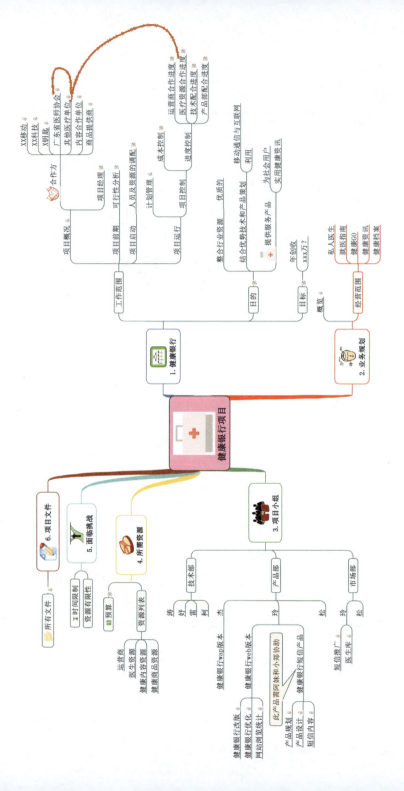

案例 B：健康银行项目梳理

上页图是一个网络公司的健康银行项目分析图。此图为项目组经过讨论之后，由项目经理（绘者名：张玉玲）绘制完成的项目情况分析图。

项目经理将整个项目分成六个部分进行整理。第一部分，是健康银行项目的总体情况；第二部分，是这个项目的业务规划；第三部分，绘图者梳理了整个项目组的成员和具体分工；第四部分，她向企业主管提出了项目组的资源整合需求；第五部分，列出了当前计划面临的挑战；最后一部分，将所有思维导图中涉及的文件进行汇总。

从图例中我们可以看到，制作者添加了大量的便签和附件，同时使用虚线箭头说明相关信息的位置，并在第三部分插入对话框，说明协助人员分工。

这样一张图，既集合了整个项目组的共同智慧，也让主管可以快速掌握项目组当前的分工、流程和遇到的问题。它既能作为某个时期的项目档案，也可以为企业主管制订有针对性的管理方案提供依据。

案例 C：中小学生集体思维导图

上图是中小学夏令营的学员制作的一张集体思维导图。内容是关于"如何高

效学习"的。他们通过集体讨论,将思维导图分为四大部分:学习计划、学习环境、基础练习和学习态度。

上图是另一组中小学生完成的集体思维导图。他们绘制的主题是"我们的梦想"。里面有四个分支,是以每个小组成员的名字而命名的。

这种头脑风暴会议属于开放式的讨论。每个参与的成员都拥有相对平等的身份和发言权。通过共同创作,来实现每个成员的思维导图灵感的融合。具体制作步骤如下。

第一步:每个成员独立作图。

每个人先根据会议的主题独立作图,整理和呈现自己的所有想法,这将有利于在稍后进行讨论的时候融合创新。

第二步:由组长组织讨论。

每个组由组长组织,大家依次向团队成员讲解自己的思路。然后大家再探讨,如何将每个人的思路整合在一个结构框架中。

第三步:合作绘制讨论成果。

大家通过分工合作的方式,一起制作大幅思维导图。每个人负责不同的主干绘制。纸张可以用一张1开的白纸。

2. 一人主导绘制

案例：瑜伽馆每周例会

我用思维导图技术支持过一家企业，并在一段时间内持续参加他们每周的工作例会。

在例会中，我们会由一个人负责在立式白板纸上记录会议思维导图，大家按照例会的顺序发言。内容包括"上周工作总结""这周工作计划"和"工作中遇到的困难问题及建议"等。

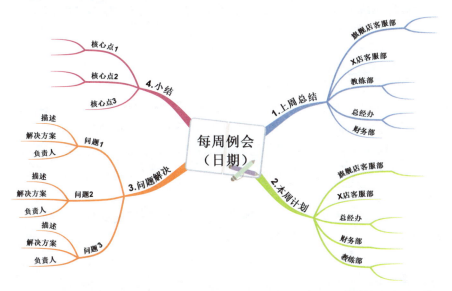

在团队成员表达完成之后，思维导图也同时完成。然后，瑜伽馆的主理人就会开始逐一解决问题。此时，问题解决方案和讨论结果也会由主笔人记录在会议思维导图上，大家都可以同步看到。如果有一个重要的活动或通知，主理人会在他总结的时候，进行讲解和布置工作。

最后，一张大的思维导图会呈现本周例会的所有内容。大家根据自己的需要，记录对应的工作内容和计划安排。

一张图完成一次例会，清晰而高效。

这种会议模式在工作中可以经常使用。主导绘图者负责整理和记录会议信息，参与会议的成员则更多的是负责观点的表达。具体制作步骤如下。

第一步：主导者发起讨论。

会议的主导者负责绘制思维导图，他会位于会议成员的最前面。主导者一边绘制中心和主干，一边邀请会议成员参与讨论。

第二步：参与者依次发言。

会议参与者可以根据讨论的主题发表自己的观点，并由会议主导者在思维导图上同步记录。于是，每个人的观点都将呈现在同一张图上。

第三步：主导者引导进一步讨论。

随着讨论的深入，会议的主导者根据会议的目的不断激发大家的思路，同时记录大家的灵感和下一步工作计划。最后，会议既传递了领导者的信息，又充分高效地收集了民意。

三、注意事项

（1）多人共同绘制的会议导图，适合小组作业和任务的完成。在这样的讨论中，每个参与者承担几乎均等的责任和义务，积极向集体贡献自己的创造力。

（2）一人主导绘制的会议导图，适合由领导者发起的互动讨论。在讨论中，主导者需要有清晰的思路和方向感，这样才可以在收集到民意的同时，不错失会议的方向。

（3）这两种头脑风暴会议的核心是它的开放性。我们既要积极地开放自己，表达观点，也要以平等的心态包容和记录他人的观点。

第二节　会议流程图

我们来单独讲讲会议策划。日常工作中，我们会或多或少的遇到需要组织会议和活动的任务，如果我们有前期周详的策划和思考，就可以轻松地进行分工和配合。

在这里我们把会议的举办分成两个部分：前期筹备和现场策划。在此，我们将一个大型的演讲招生会议策划作为案例。一起来看看，这两个阶段的工作思维导图怎么做。

一、价值点

1. 全局统筹

会议的流程设计类似于项目策划，因为会议策划也涉及许多的人员和资源的调配问题。使用思维导图进行统筹，能让我们的会议环节更流畅，收效更好。

2. 活动备案

会议的组织和策划需要一定的经验。所以，如何将好的会议策划经验保存下来，并传递给其他团队成员，是每个组织都在考虑的事情。

如果我们将每次活动的工作流程通过思维导图进行设计，就可以保存下更完整而实用的会议策划材料，便于我们整理出文档版的工作手册，也便于流程改良。

二、会议流程案例

1. 演讲会的筹备工作

下页图是一次演讲招生会的筹备图。图中一共有三个部分：目标设定，目标达成的关键点，具体准备工作。

第一部分是演讲会的目标。分别是实现招生，传播知识和品牌推广。

第二部分是实现每个目标的关键点。实现招生的关键点是老师选择、课程设计、现场配合；实现知识传播的关键点是了解听众需求和丰富课程内容；实现品牌推广的关键点是突出企业标识、赠送特色小礼品和微笑服务。图中对每个关键点的实现方式都制订了相应的行动计划。

第三部分梳理了四个准备工作：对外宣传的计划，邀约客户的计划，物资准备的计划，以及员工培训的计划。

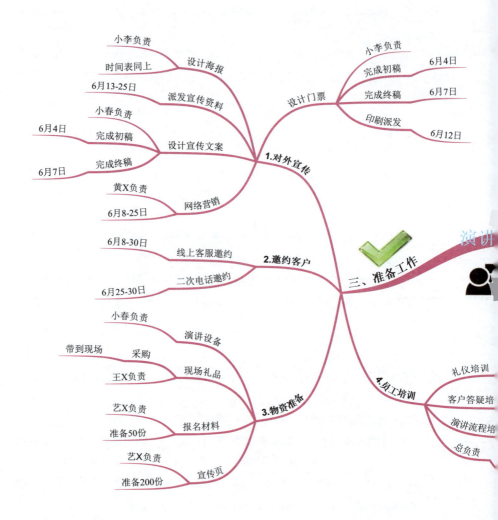

第六章 会议思维导图

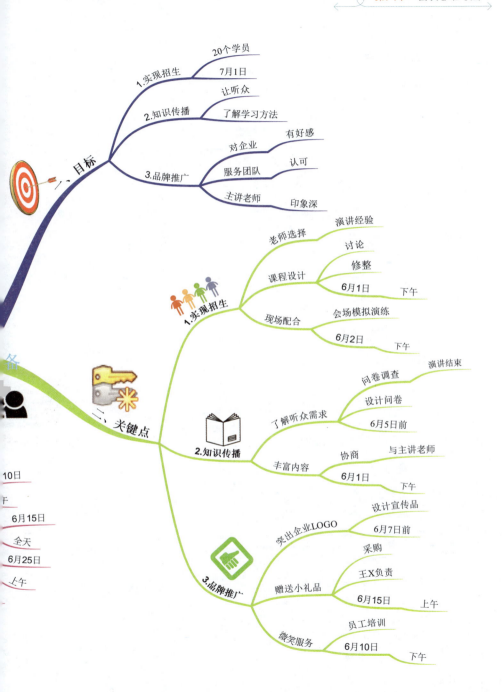

2. 会议现场工作

会议现场的工作流程较多，一共分为四个部分：开场之前的场外工作，开场

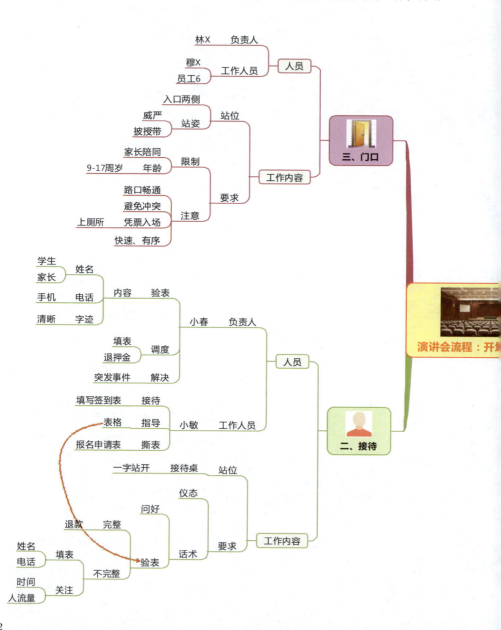

之前的场内工作，开场之后的授课流程，课后答疑环节。由于内容较多，在此将电脑上的一张思维导图分成上下两张来呈现。

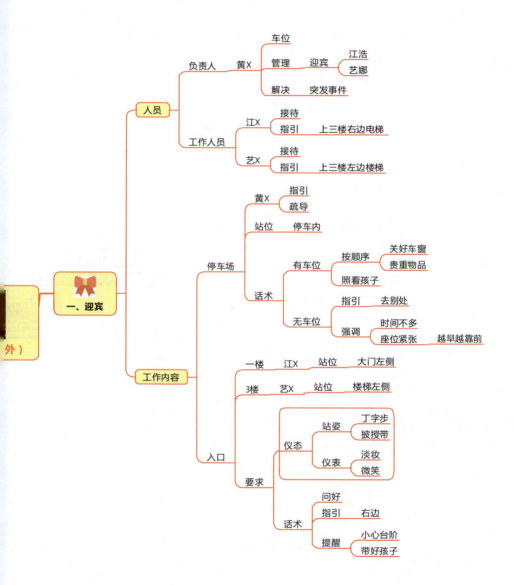

其中场外工作包括迎宾，接待和门口站位；场内工作分为领位和舞台上配合；授课流程由主持人和主讲老师共同完成，有四个环节；最后的课后答疑分为场内答疑和门口答疑。

每个环节在图中都有详细的操作指导，比如由谁负责，每个人做什么工作，工作要求和步骤是什么等。

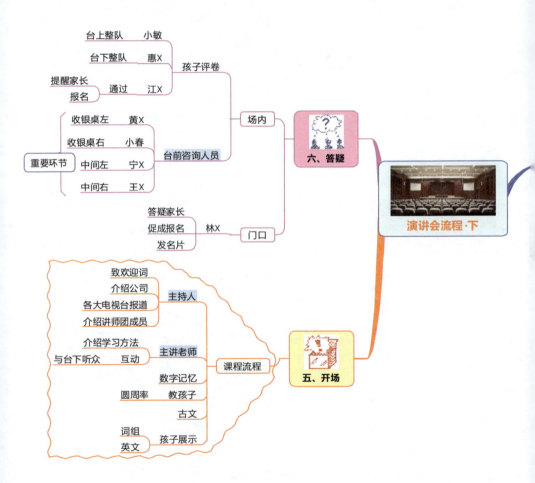

第六章 会议思维导图

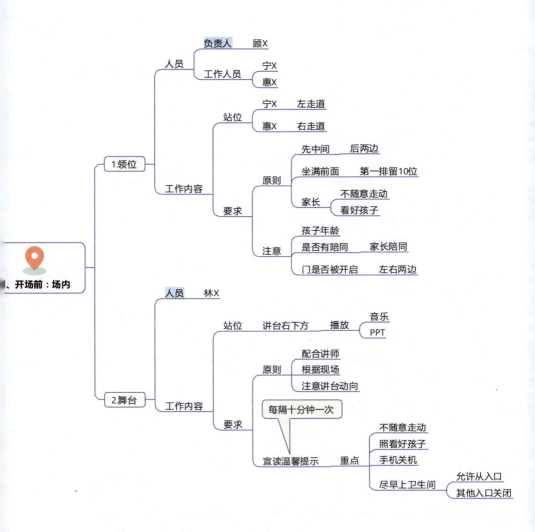

　　图中用蓝色填充，标出每个环节的核心负责人；长方形框线标出了仪表仪态的统一要求，波浪框线标出了正式演讲课程的内容；同时，虚线箭头表达了"表格"与"验表"之间的对应关系。

三、绘制指导

第一步：明确会议目标。

首先是画上中心图，并填上中心词语。

然后在第一个分支上画出会议的目标，比如，"在什么时间和地点，组织什么会议？""目标邀约人数？""会议的理想效果是什么？"，等等。

我们可以用白纸手绘草图，很便捷。

第二步：找到会议成功的关键点。

第二个分支是根据"二八定律"的特点，思考成功实现目标的核心要素。比如，"最重要的会议流程是什么？""会议筹备的关键任务是什么？"，等等。

第三步：制订会议流程。

在思维导图上，具体发散出会议组织的各个环节要点。

第四步：设置岗位分工和操作要领。

在每个环节上，详细设置负责人、具体环节和操作要点等信息。

四、小结

（1）会议筹备是起点，包括目标思考、关键点探索和具体准备工作计划。

（2）较完善的会议现场计划，需要有清晰的流程和责任到人的分工。

（3）会议思维导图是一个立体的会议管理操作手册，也可以为下次活动举办进行备案。

第三节 演讲与思维导图

演讲是一种个人高效沟通的模式。我们可以在短时间内，与众多的听众建立链接。所以，如何利用思维导图合理设计内容，达到言简意赅的效果呢？这一节我们一起探索一下。

一、价值点

1. 组织思路

思维导图可以使我们掌握演讲的核心内容，在演讲中表达清晰的思路，更轻松地实现不忘稿，不偏题。

2. 提高效率

思维导图可以提高写稿和背稿效率。写稿的时候，它让我们先有了理性框架，再抒情行文；背稿的时候，它有助于思路连贯。

二、案例

1. 李嘉诚的演讲

下页图（李嘉诚：愿力人生1）是李嘉诚89岁在汕头大学毕业生典礼上发表的演讲。内容一共包括九个部分：问候语；内心状态；引题：明年90岁；愚人与智者的表现差异；差异的关键；愚人与智者心态的差异；举例一：大舞蹈家；举例二：与老师的对话；结束语。

这次演讲的主题就是鼓励毕业生突破局限，勇于创造，实现梦想。演讲的重点是要成为智者，不仅仅懂得"TO DO"，而要勇于梦想，懂得"TO BE"。

我们进一步整理，可以将演讲分成三大部分：引述，观点，举例说明。这样我们就发现，这次演讲思路更清晰易见了，如图"李嘉诚：愿力人生2"所示。

可见，每个演讲都有清晰的思路，比如，自己的观点、立论和陈述说明。我们如果把握了演讲的核心脉络，然后再仔细地推敲修饰文字，就可以让演讲准备变轻松。

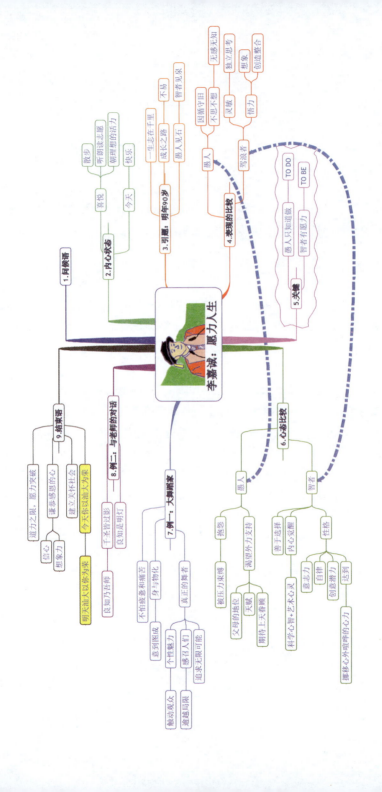

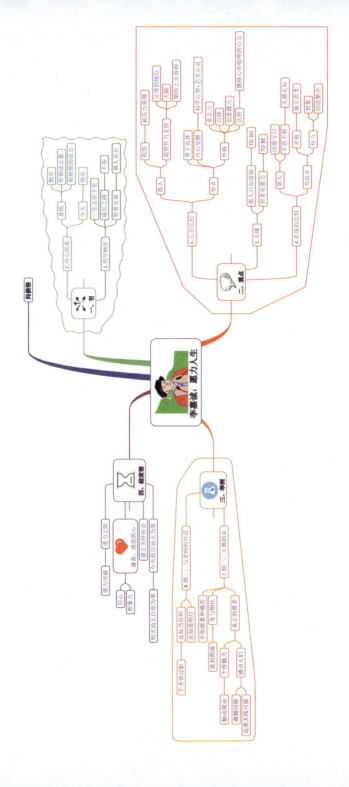

2.TED 演讲

这是 Celeste Headlee 女士在 TED 会议上发表的一次广受好评的演讲,题为《如何成为一个更好的交谈者?》。整个演讲时长约为 12 分钟,集中阐述了

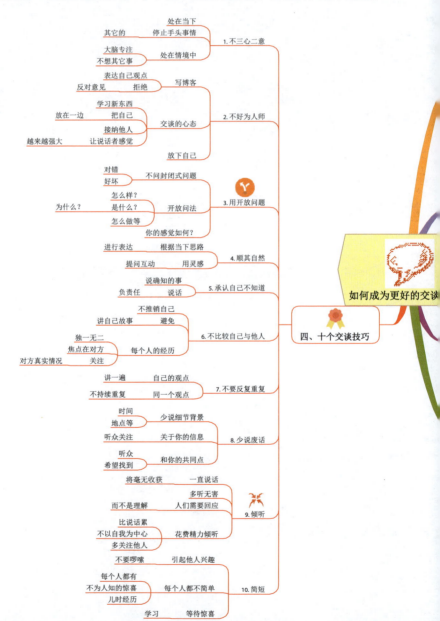

10个提升交谈能力的技巧。

我们通过思维导图来整理时会发现,整个演讲的结构非常清晰。一共分为五个部分:引:提问、社会现状:不倾听、传统倾听技巧、好的沟通效果,以及10个交谈技巧。

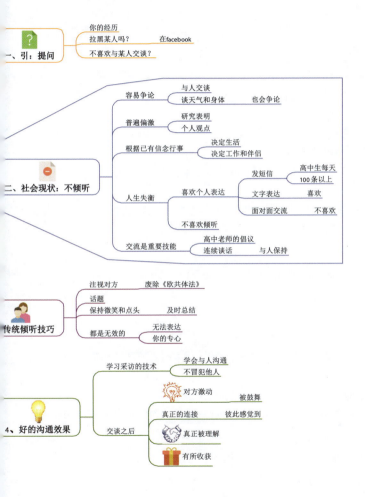

首先，演讲者花了三个部分来做主题铺垫：最开始进行提问互动，拉近与听众的距离；然后通过大家身边的例子来呈现当前社会的问题：很少倾听；接着陈述了常用的倾听技巧，并告诉大家那些都是没有价值的。

其次，演讲者为我们的有效沟通指明方向：沟通应该让人激动、鼓舞、真实连接和相互理解。

最后，演讲者开出了 10 个药方。让大家清晰地认识到，提升自己的沟通能力和改善倾听习惯的方法。

由此可见，经过思维导图的梳理，我们对演讲的技巧会有更深刻的领悟。所以，如果想在个人讲稿写作和构思上有新的突破，建议分析 20 段以上的名人演讲。

三、演讲准备的步骤

第一步：用思维导图规划内容。

我们在准备演讲内容的时候，可以先完成这两个分支："演讲的目的"和"演讲内容的核心"，再组织内容结构。

通过"演讲目的"的思考，我们更了解演讲的出发点，有利于我们明确主题；接着进行"演讲内容核心"的思考，让演讲主次分明；然后开始规划演讲的完整结构和具体的细节内容。

演讲思路的整理与写作思路的整理很相似，都是先自由发散联想内容，然后再梳理形成合适的结构。

第二步：写成文稿。

在根据思维导图的纲要写文稿的过程中，我们可以进一步整合思路和优化框架，进行很多新的创作。所以，不要因为原来的思维导图大纲而局限了新的灵感。

第三步：背稿与冥想。

大部分演讲都需要脱稿，所以背稿也是一个重要步骤。

建议大家使用记忆方法中的"空间定位法"进行背稿。将文稿按顺序分成若干个部分，然后选取自己熟悉的线路上的若干地点，将文稿的内容与地点依次联想。这样我们就可以用"空间定位法"来帮助我们完成背稿的工作了。

这种方法的实操案例，见第八章第三节。

四、小结

(1) 明确演讲的目的和目标是成功的第一步。
(2) 清晰的演讲思路有利于传达情感和思想。
(3) 使用"空间定位法"背稿,让我们轻松地脱稿演讲。

第四节 授课与思维导图

在这个信息分享的时代,授课已经不再是老师的专属工作。几乎每个人都需要掌握"组织、设计和教授知识"的能力。所以,这节内容我们一起聊聊授课技能的三个基本板块:获取学员需求、选择授课方式和课程实施流程。然后进一步通过案例探讨如何用思维导图进行备课。

一、授课技能分解图

我们可以通过三张思维导图,将培训师的核心技能梳理一遍,让授课实践更顺利。以下内容是基于培训师培养(TTT)的基本知识体系。

1. 获取学员需求信息

"获取学员需求信息"的思维导图分为四个部分:设定调研对象,选择调研方法,从企业客观信息入手,从企业主观信息入手。

"不打无准备的仗","没有调查,就没有发言权"。所以,我们需要根据实际教授的课程的特点,选择对应的调研对象:出资人、目标学员、往届学员、企业重要部门负责人、企业产品使用者和竞争者或专家。其中,课程最基本的调研对象是目标学员。

调研方法包括阅读资料、面谈、问卷调查和实地观察。其中,最常用的调研方式是问卷抽样调查。

从企业客观信息入手,我们可以了解到企业过去信息、现在状况和未来规划,以及培训对象主要工作岗位的情况。

从企业主观信息入手,可以了解到学员对课程的态度和学员的个性化需求。

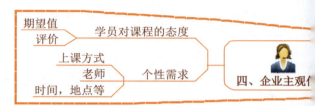
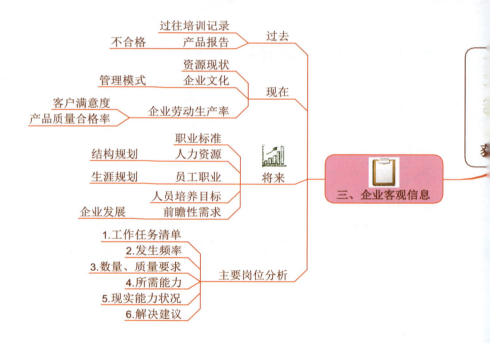

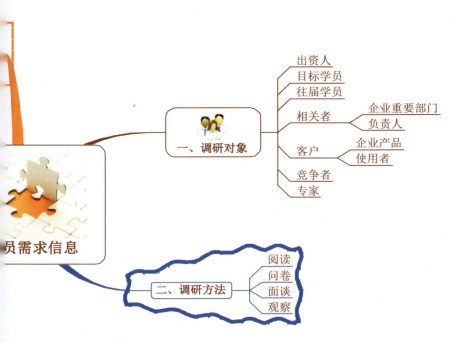

2. 选择授课方式

"授课方式选择"的思维导图包括四个部分：语言交流为主的授课方式，学生体验为主的授课方式，特色授课方式，选择授课方式的原则。

思维导图对每种授课方式做了介绍。其中，语言交流为主的教授法最为常用。它包括直接阐述法、关键词讲授法、公开讨论讲授法、举例说明讲授法和图示法。

图中讲授课方式选择的"原则"用折线框起，表示突出。选择原则分别是为内容表现服务、根据客观条件设计，以及根据学员特征设计。

图中用蓝色字标出"角色扮演法"中的两个游戏例子；用黄色填充底色，突出学员体验为主的授课方式。

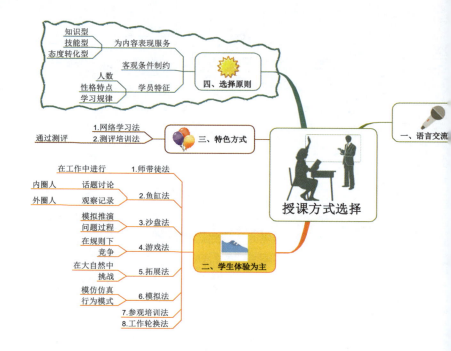

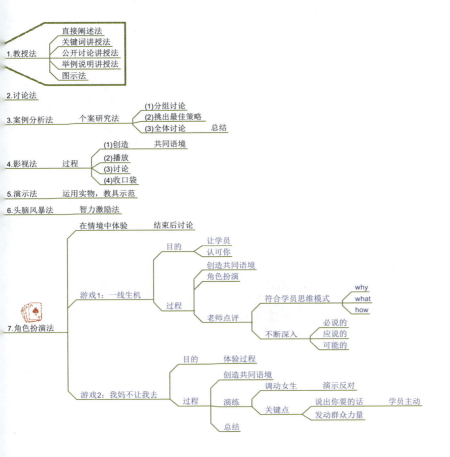

3. 课程实施流程

"授课实施流程"的思维导图分为四个部分：预热，开场，控场，收场。

其中"预热"部分是指培训师自身外观整理、培训师自我放松和预想成功画面；"开场"部分包括四种主题导入方法，课程暖场四步骤，以及期望值管理三步曲；"控场"内容的核心是通过提问和回答开展课程，以及点评技巧和问题应答技巧；最后"收场"的要点是以留有余味、引起思考和复习巩固为目的，通过多种方法，分为三个步骤完成。

为了突出要点，图中用蓝色填充了"期望值管理三步"，用黄色填充了"通过提问和回答"；并使用两个对话框，添加上补充信息。

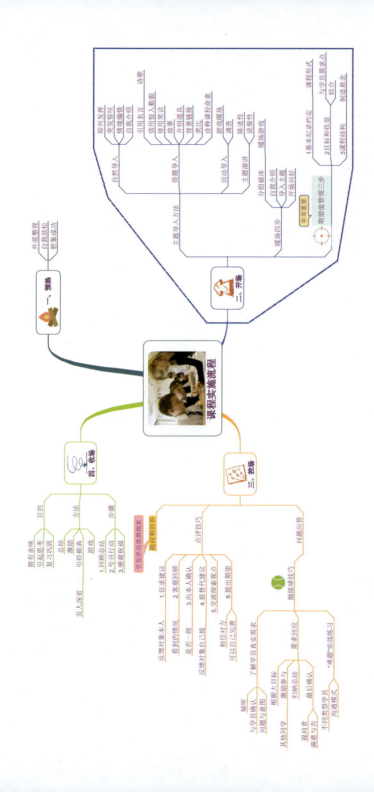

二、案例：Excel 应用课程设计

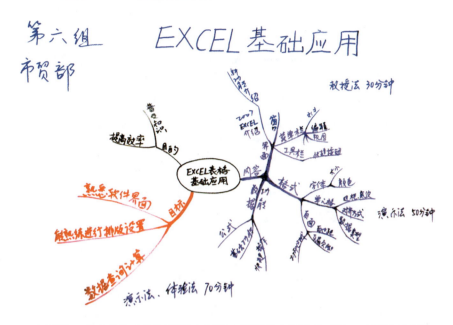

上图是一个企业的市贸部管理小组在内训课堂上制作的《Excel 基础应用》课程思路图，内容一共包括三个部分。

首先讨论内训课程的目的和目标。目的是普及知识，提高效率；目标是熟悉软件界面，熟练进行排版与数据查询和计算。

然后在课程具体内容方面，他们计划分为三个部分讲解：界面教学，包括总体介绍、窗口、菜单栏和工具栏的讲解；格式教学，包括字体、单元格和页面的讲解；功能数据教学，包括公式、基础功能和快捷键的讲解。

同时，他们设置了对应的教学法和教学时间。"界面教学"采用教授法，花费 30 分钟时间；"格式教学"采用演示法，耗时 50 分钟；"数据功能教学"采用演示法和体验法，计划使用 70 分钟。

三、授课导图绘制步骤

第一步：用思维导图规划内容。

通过思维导图的草图绘制，帮助我们弄清楚授课的思路和重点，并详细规划

出每天的授课内容、每节课的授课内容和具体教授时间与方式。

这对于我们后期制作课程课件和进行实操授课，都有很好的引导作用。

第二步：制作 PPT 课件。

尽快将授课思路制作成课程 PPT。很多时候，我们不需要等素材都准备好了才制作课件，而是一边制作课件，一边完善思路和素材。

第三步：回顾与模拟。

授课准备的最后一步是在脑海中回顾整个内容，并通过想象的方式，预演授课的每个环节。

对于缺乏经验的伙伴，授课内容与授课时间的契合是较困难的。所以，建议通过"一对一教学"的方式，将预计的内容实际教授一遍。这样我们就可以通过"按一定人数比例放大时间"的方法，预测真实授课的时耗，从而有利于更准确地规划授课内容。

四、小结

（1）前期需求调研是成功的基础。

（2）授课内容的规划和授课方式的选择同样重要。

（3）授课的过程讲求起承转合。我们需要有良好的预热和开场，灵活生动的授课过程和一个完美温馨的收场。

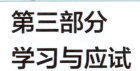

第三部分
学习与应试

第七章　思维导图学习法
第八章　思维导图与记忆法结合
第九章　思维导图与亲子时光

第七章 思维导图学习法

思维导图在学习能力提升方面的作用是显著的。

本章第一节，首先和大家分享如何使用思维导图进行自学，这里主要谈到职场人士如何在繁忙的工作之余，集中有限的精力快速提升自我，通过各种考试；第二节，重点探讨听课笔记的制作方法，让我们能更充分地利用上课时间吸收知识，同时减轻做笔记的负担；第三节，讲到如何利用思维导图制订学习计划，没有清晰的目标和科学的学习计划，高效学习是很难实现的；最后一节，是关于学习准备冥想法的，这个方法有助于我们做好学习和思考的内在准备。

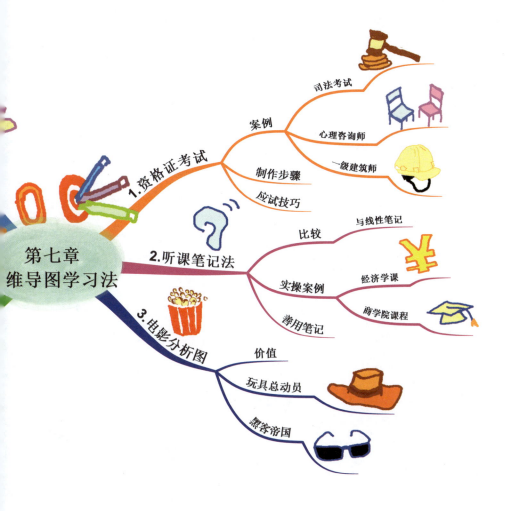

第一节 资格证考试与思维导图

终身学习的理念已经深入我们每个人的内心，尤其在竞争较为激烈的职场。为了提升自己并拥有更强的竞争力，我们在离开学校后就开始了旷日持久的"职业资格证"考试之路。

那么，如何在学习精力严重不足的情况下，做到聚焦目标，实现学习、工作和生活的平衡呢？在课程中，有很多职场伙伴做到了轻松地应对考试。

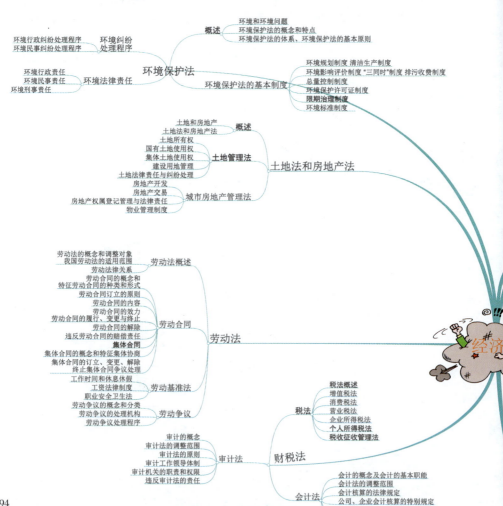

一、考试教材分析案例

1. 国家司法考试

司法考试被誉为是我国的"第一考",可见其重要性和难度都非同寻常。后面所示的《经济法》思维导图是一个学员(绘者名:贺刚)的部分应试思维导图。

《经济法》的思维导图一共分为八个部分,分别是:竞争法,消费者法,证券法,银行业法,环境保护法,土地法和房地产法,劳动法,财税法。

我们通过思维导图可以清晰地看到,经济法体系之下的八个板块和它相关的各个核心元素。这样就可以通过记忆法将所有内容记在心里。

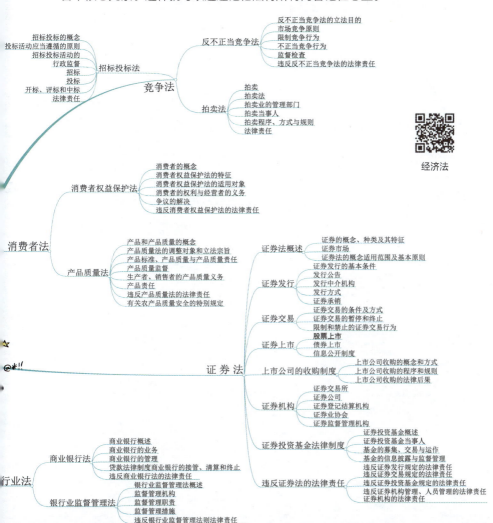

经济法

《物权法》的思维导图中有五个分支，包括总则、所有权、占有、担保物权、用益物权。

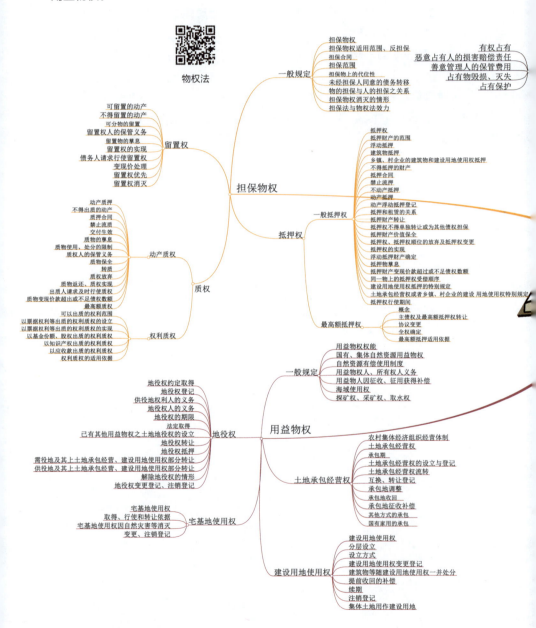

在我们制作完总图之后，如果有需要可以制作每个部分的分图。随着我们分析书籍的深入，教材中的知识体系会潜移默化地被我们记忆和理解。这比单纯地翻书能启用更多的大脑资源，也会大大提升学习的效率。

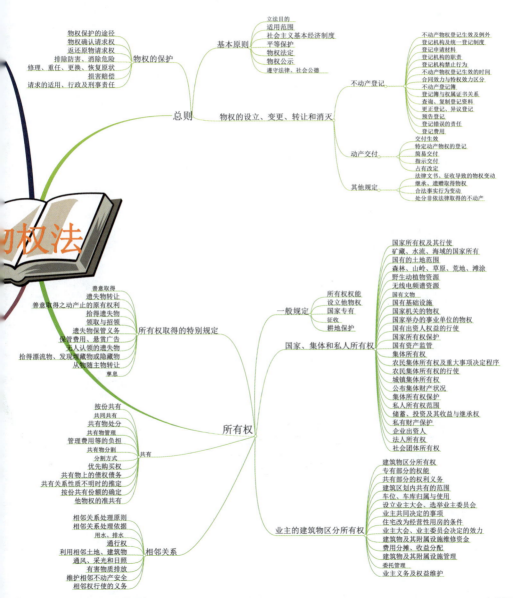

2. 心理咨询师考试

心理咨询是一个既有趣又实用的领域。现在越来越多的人开始关注自己的心理健康问题,所以,心理咨询的相关认证考试也备受欢迎。下面列举一些心理咨询师考试的相关思维导图。

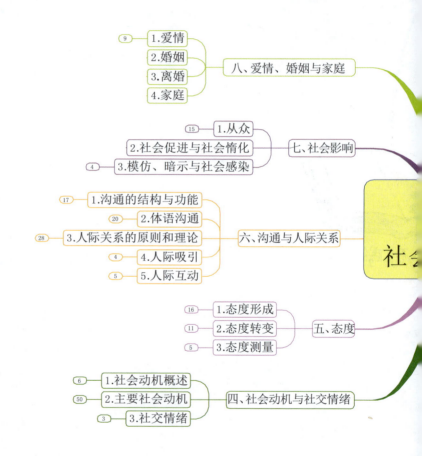

《社会心理学》思维导图如下图所示。

《社会心理学》是一门研究个体的社会意识和行为的科学。这张图一共分为八个板块，我们可以一边阅读，一边将所有重要的考试要点提炼出来。

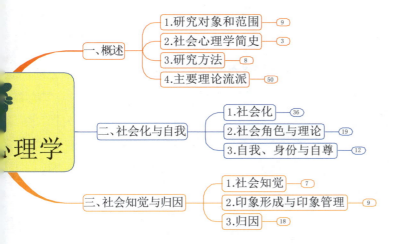

思维导图从入门到精通

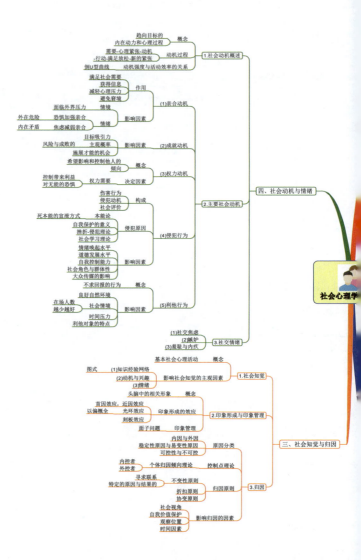

社会心理学（上）

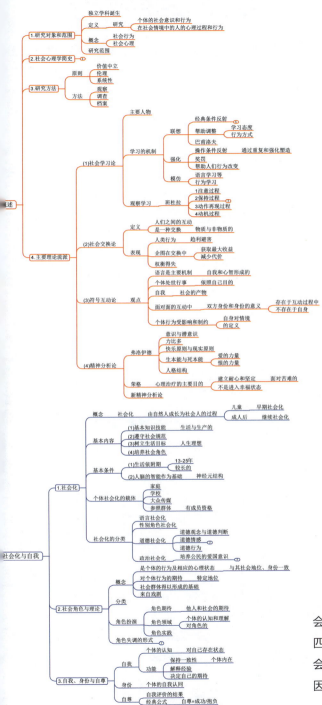

这是完整呈现内容的"社会心理学(上)"。其中有前四个部分的内容:"概述""社会化与自我""社会觉知与归因"和"社会动机与社交情绪"。

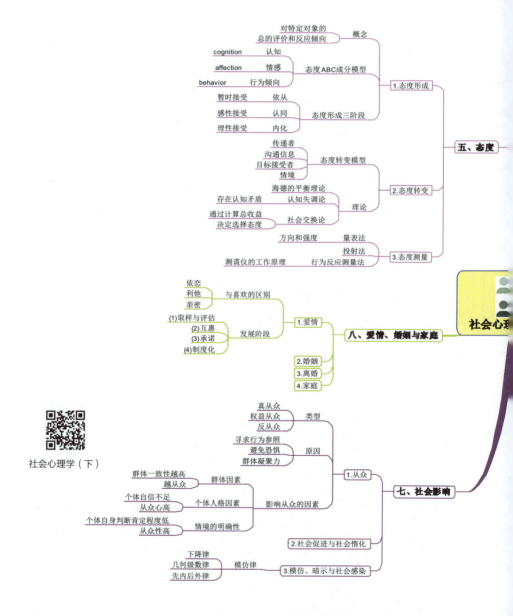

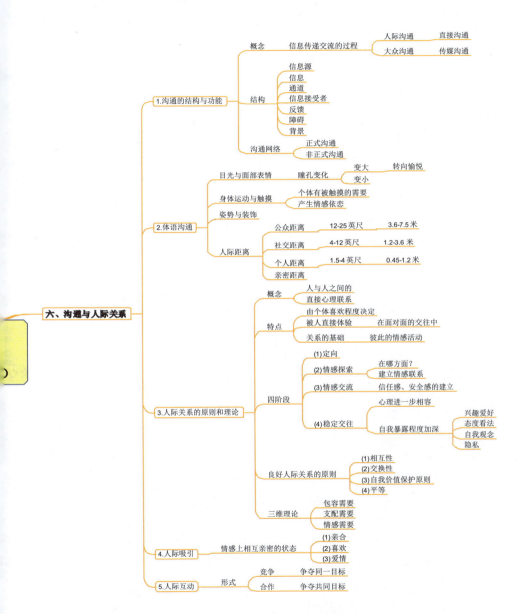

这张分图呈现的是"社会心理学（下）"。梳理的是社会心理学备考知识的后四部分内容："态度""沟通与人际关系""社会影响"和"爱情、婚姻与家庭"。

浏览全图，我发现最实用的收获如下。

（1）人是一个社会动物，我们在群体生活中逐步学习，如何扮演自己适当的社会角色，这是一个心理成长的过程。

（2）自尊是一个自我评价的结果，它的经典公式是：自尊＝成功/抱负。也就是如果我们关注我们的成功，而不要太强调未达成的抱负，这样我们的自我评价就更高，自我尊重度也更高。

（3）我们的社会觉知，通常容易让自己产生偏见。错误的归因模式也会让我们陷入无力感，而内归因则让我们更有力量。

（4）人们的态度里有认知和情感的成分，也会决定人们的行为倾向。所以，改变他人的态度有重要的意义。

（5）沟通是人际交往的基础。良好的沟通能力，尊重他人的心理距离，并了解人际关系建立的过程和原则，都有利于我们进行人际互动。

（6）个人在群体中，容易出现从众现象。所以，我们都需要了解群体行动的特质。比如，当自己遇到危险需要帮助的时候，请向个人求救，而不是向整个群体。

《咨询心理学》思维导图如右图所示。

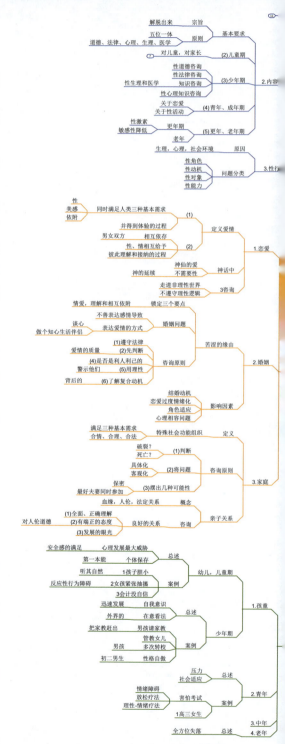

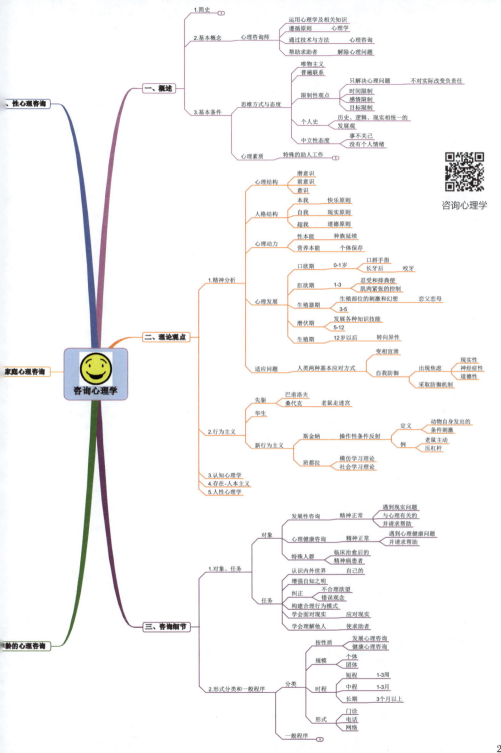

《咨询心理学》是一个指导心理咨询师如何开展服务工作的理论体系。思维导图中有六个部分：概述，基础理论，咨询细节，各年龄咨询，婚恋、家庭咨询，性心理咨询。

通过作图，笔者发现有以下的知识是自己最感兴趣的。

（1）心理咨询师要保持中立，只咨询心理问题，不对实际事务的改变负责任。

（2）咨询师的支持对象是遇到心理问题的求助者，而不是出现心理疾病的求助者。心理疾病的求助者，需要接受精神科医生的药物配合治疗。

（3）不同生命阶段，有不同的心理挑战。每次生命阶段的转换期，都容易出现心理问题。

（4）爱情与婚姻的经营，需要相互的理解和良好的沟通。

（5）我们需要正确认识性的每个阶段，并了解性行为问题的基本特征。

3. 一级建筑师考试

这是一位要参加"一级建筑师"职业资格考试的学员（绘者名：田爱堂）制作的思维导图。

在《建筑构造》这张图中，一共包括五个部分：防火墙，构件和管道井，屋顶和变形缝，楼梯，防火门。

右图一本教材的一章内容。这位学员做完思维导图之后，分享他的收获是：他将每个知识点的重要参数都用一张图记录下来了，清晰简洁，大大减轻了他的记忆压力。

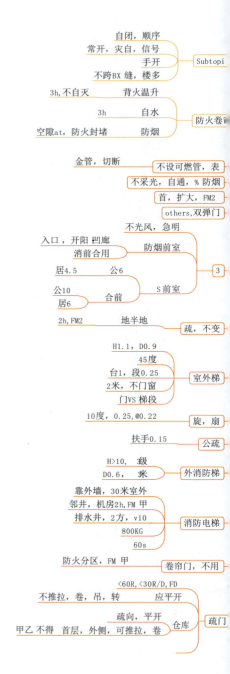

第七章 思维导图学习法

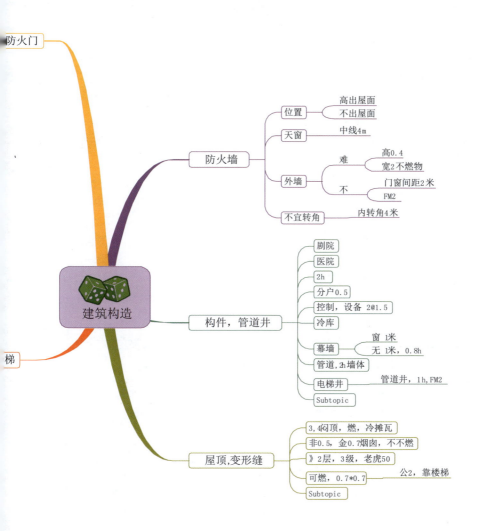

《建规防火》思维导图如右图所示。

《建规防火》这张图一共分为四个部分，内容分别是防排烟，耐火级、层、面积，NS 不小于，NL 不大于。

绘者还发现思维导图的一个好处是，过去自己学习的时候很容易被 1 岁多的儿子打扰，导致注意力分散，而现在备考和阅读书籍时的专注度大有提升。

二、教材思维导图的制作步骤

第一步：寻找合适的导图软件。

教材分析的特点是信息量较大。因为教材的语言通常凝练简洁，逻辑性强，不会像休闲阅读那样经常抒情。所以，我们制作思维导图的时候，会发现内容层次复杂而分明，要点很多。

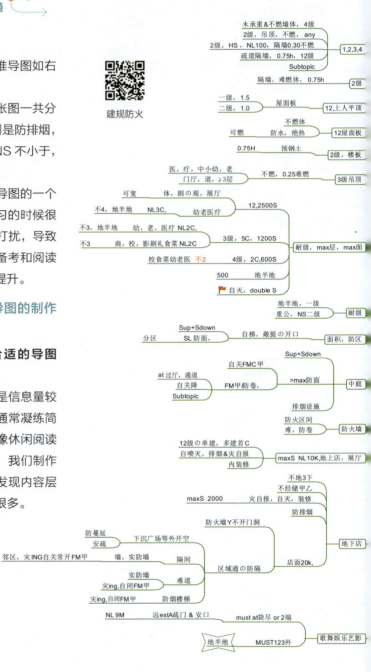

建规防火

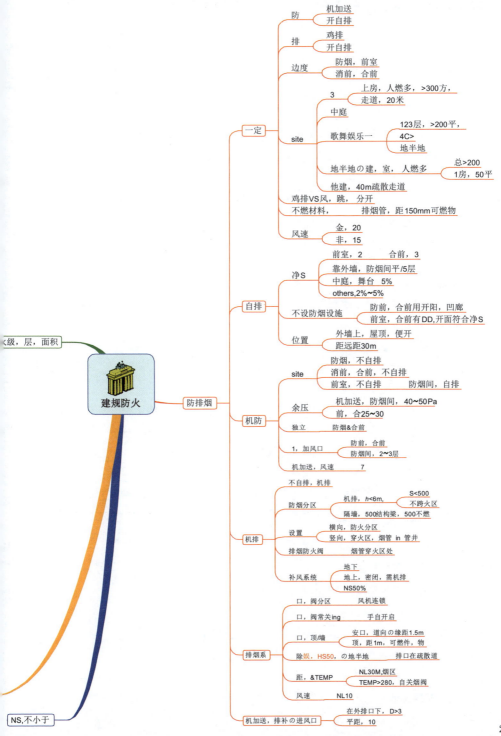

这样的情况下，如果我们使用手绘思维导图，较容易出现纸张布局不均或内容不够位置书写等问题。而使用电脑软件制图，就可以大大改善这种情况，既能随时扩大分支，又可以后期调整布局。

第二步：制订严格的阅读计划。

"开始阅读的时候，一定要明确读完的时间"，这个理念对于我们进行教材阅读尤为重要。

原因一，应试都有时间段限制。如果我们更早地完成初次教材分析，就可以为后期的复习和做题留下充裕的时间；原因二，教材分析较为枯燥，我们如果事先与自己沟通并下定决心"一口气"读完，那么就可以更好地督促自己保持阅读进度，并在最后拿到自信的成果。

所以，计划可以调整和修改，但不能没有。

第三步：浏览教材，绘制目录框架。

我们可以将书名作为中心图，章的标题作为一级分支，节的标题作为二级分支，小节的标题作为三级分支。同时，在搭建框架的过程中，可以合并和整理章节，略写标题。

第四步：分析整理关键词。

全书标题整理完成之后，我们开始深入阅读，分析内容，将认为重要的关键词提炼出来，记录在思维导图上。

这个过程我们可以从最重要的章开始分析，然后再分析第二重要的章，不需要按照教材的章节顺序分析。

但提炼关键词的原则是，以考试标准为准则。如果考试注重背诵记忆细节，我们的分析就需要较为细致；如果考试注重实践应用，我们的分析就可以粗略一些。

三、教材分析的应试技巧

1. 第一次教材分析要快速完成

"记忆需要快速多次覆盖"，这句话的意思是，我们第一次阅读分析是为了给大脑留下初步印象，然后便于我们进行第二次深入阅读和第三次查漏补缺。只有这样不断地重复覆盖，才能实现大脑知识架构的牢固建立。

现在，举个例子来说明，为什么"多次性重复"比"一次性细致"更重要。

我们如果邀请两个人来看一部电影，他们都使用一天 8 个小时的时间，但观影方式有所不同。第一个人，我们要求他当天只能看一遍，但可以仔细琢磨。比如，遇到任何困惑都按"暂停"键，并停下来思考一会儿。而第二个人，我们规定他不能暂停，无论是否看懂都要一次性看完，但可以在全部看完之后，不断重复观看这部电影。

于是，一天结束的时候，第一个人仔细琢磨地看完一遍，第二个人连续看了四遍。你认为哪个人对这部电影的理解更深入？

是的，很可能是第二个人。因为多次覆盖，可以弥补大脑的观察盲区，增强记忆力和理解能力。

2. 反复咀嚼并背诵全图

做完教材分析图之后，我们要将整张图背诵下来。也就是说，要做到可以离开思维导图，将整本书的所有内容复述一遍。

因为绘制思维导图的最终目的，是让我们可以丢掉手中的图，但把知识留在心里。

3. 通过做题检验并补缺

所有的考证学习，都要最终通过考试来检验效果。所以，我们在完成导图分析之后可以通过做题来模拟这个过程。

我们做完题之后，马上对答案，并在疏漏的知识点上加强记忆，这样，我们就再次将脑中记忆的知识活化了一次。

第二节　听课笔记法

听课也是学习的常用形式。因为我们通过老师讲授而获得的知识，很多时候比阅读书籍更鲜活。在这个过程中，不可避免地需要做笔记。那么，如何让听课笔记有一个革命性的改变呢？我们一起来看看。

一、两种笔记方法的比较

1. 线性笔记

过去做听课笔记，时常有以下特点。

（1）做笔记需要记录大量的文字，耗时耗力，而且，结果通常是懒得复习和回看。

（2）因为工作量大，所以记录容易耽误我们正常听课，会让我们分散听课的注意力，结果导致听课效果变差。

（3）线性记录的方式，使我们没有多余的空间来记录突发的灵感，而导致笔记缺乏灵活性。

2. 思维导图

思维导图笔记将从根本上改善这些问题。

（1）思维导图只记录关键词，省去标点符号和关系描述性词语，大大节省记录时间。

（2）一边听课，一边思考如何提炼老师所讲的内容中的关键词，有利于我们更专注和主动地听课。即时分析，提升记忆力。

（3）一张图，可以将老师几天的内容同时呈现，既节省纸张，还让我们有很好的全局观，轻松回顾整个课程的逻辑结构。

（4）由于思维导图的发散扩张性，我们很容易在记录的过程中，用彩色笔添加"当下的灵感"。这样，让听课笔记更有实用性。

二、听课笔记案例

1. 经济学音频课程笔记

笔记手绘草稿如右图所示。

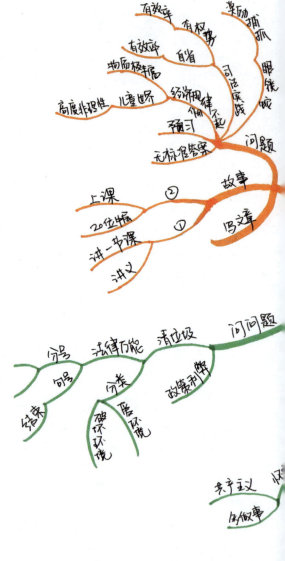

现在听课的方式有很多,可以去现场听课,也可以在家通过多媒体学习。这就是听手机音频课程时,手绘完成的一张"听课思维导图"。

如果我们身边没有彩色笔,可以先用一种颜色记录,然后再添加上彩色。

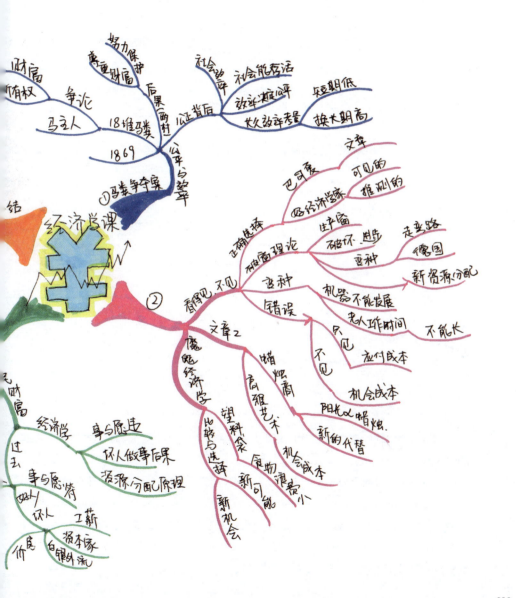

电脑软件版思维导图如下图所示。

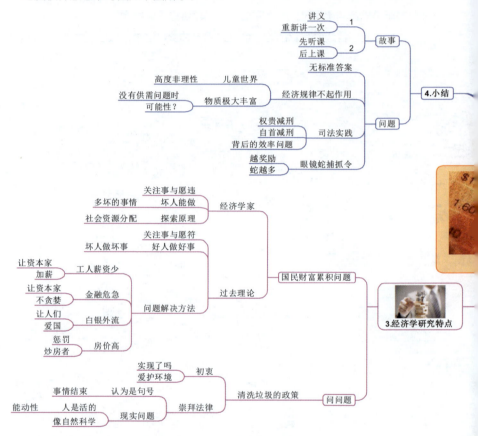

上图是后期用软件整理而成的电脑思维导图。听的课程是四段音频，每段音频的时间是 10 分钟左右。

第一段音频，讲的是公平与效率的问题。课程通过"马粪争夺案"来引出这个观点：公平公正的背后有社会效率的考量。

第二段音频，讲的是选择的机会成本问题。通过巴斯夏的文章，说明好的经济学家不单关注事件本身，还关注不可见的规律和可能性。同时列举了破窗理论的观点和《魔鬼经济学》的观点进行具体说明。

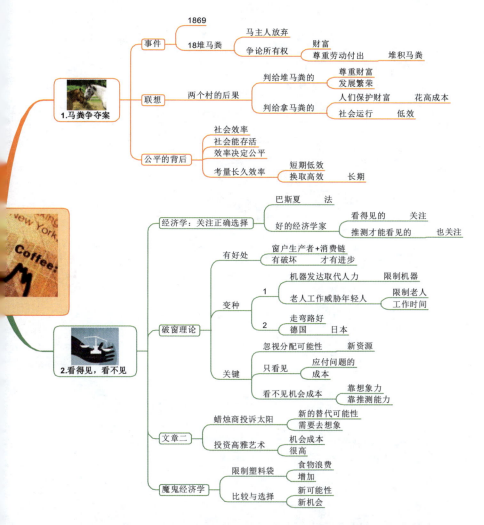

第三段音频，讨论的是经济学与其他理论的区别。经济学注重研究社会发展的规律事件，探求事与愿违的政策根源；而不是简单地认为，好人做好事，坏人做坏事，只要严惩坏人，鼓励好人好事，社会就健康发展了。里面列举了几个"短视政策"的例子。

第四段音频，总结三次课程的内容，并进行了读者答疑与读者优秀案例讲解。增加感言的手绘版如下图所示。

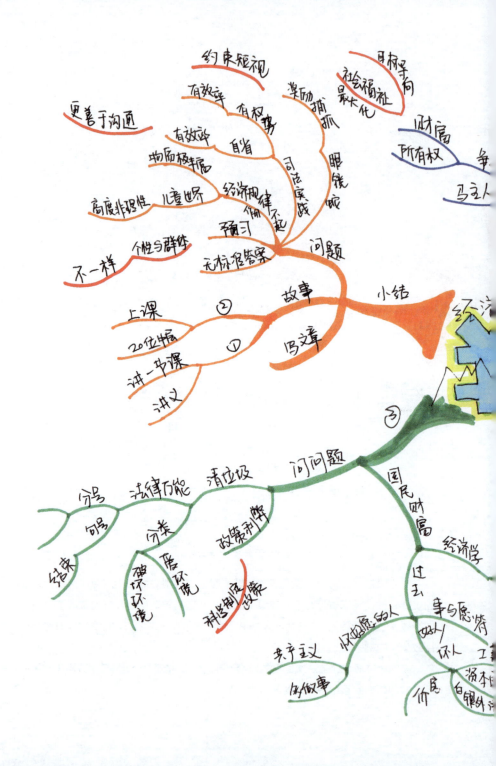

思维导图

公平与效率
- 趋利避害
- 力保护
- 后果（两村）
- 堆马类
- 69
- 袭争夺宴
- 社会整体
  - 社会能养活
  - 效率浓公平
  - 炊效率考量
- 公正背后
- 短期低
- 换长期高

心中有规律
- 掌握规律

② 看得见，不见
- 文章1
  - 正确选择
  - 破窗理论
    - 巴斯夏
    - 坏经济学家
      - 可见的
      - 推测的
    - 生产窗
    - 破不，进步
    - 费神
  - 费神
  - 错误
    - 走弯路
    - 德国
    - 新资源分配
    - 机器不能发展
    - 老人作时间
    - 不能长
    - 只见
    - 不见
    - 支付成本
    - 机会成本
    - 阳光α蜡烛
    - 新的代替

- 文章2
  - 魔鬼经济学
    - 比较与选择
    - 塑料袋
      - 食物浪费
      - 新可能
      - 新机会
    - 蜡烛商
    - 高雅艺术
      - 机会成本小

- 人有选择权
  - 这是公平的
  - 等=待遇
- 社会发展
  - 手段更新
  - 本质不变
  - 不能生存发展

（左侧）
- 与原理
- 人做事后果
- 源分配原理
- 穿透人性
- 橙经济学

每次完成听课之后，我们都会复习和回看课程笔记。在回看的过程中带着思考，我们就会有新的感悟和理解。这时，可直接用另一种颜色的笔记录在思维导图上。

增加感言的电脑版思维导图如下图所示。

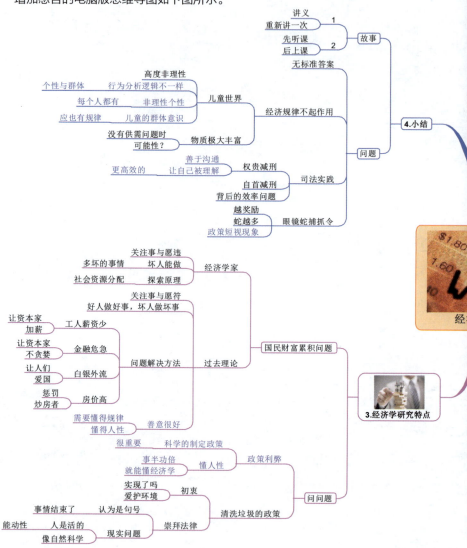

第七章 思维导图学习法

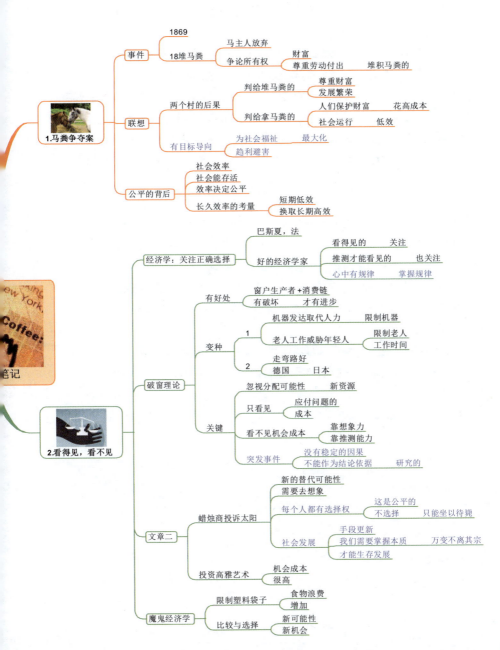

上图总结出以下的听课感言。

（1）原来任何政治或法律决策，背后都有一定的选择规律。它们的选择导向就是社会福祉的最大化。

（2）经济学家是掌握规律的人，所以可以科学地预测事情，解读现象。突发事件并没有恒定的因果规律，不能作为得出结论的依据。

（3）每个人都有选择权。社会必然进步，淘汰必然发生。我们需要把握自己的选择权，了解自己的核心竞争力，才能在变化的时代中不被淘汰。

（4）善意是制订政策的起点，但科学和理性是制订良好政策的基础。

（5）善于沟通可以减少社会资源浪费，善于沟通也会有利于赢得法律资源的倾斜。

2. 商学院课堂笔记

下面的两张手绘图是经过修缮的听课手绘笔记（首稿是 10 年前绘制）。全程三天的课程内容，这里的两张图中一共有一天半的课程笔记内容，用 A3 白纸绘制。课程有老师的讲解过程，也有体验游戏的环节。

看着当年的课程笔记，突然有一种熟悉而温馨的感觉。当时上课的一幕幕又浮现出来。虽然纸张残旧、上面的文字有些模糊，但 10 年前的听课感受，仍保留在原图中。

听课的时候，用圆珠笔记录基本内容，绿色彩笔记录课程案例，黄色笔标注重点，橙色笔记录说明，粉色笔记录游戏的内容。

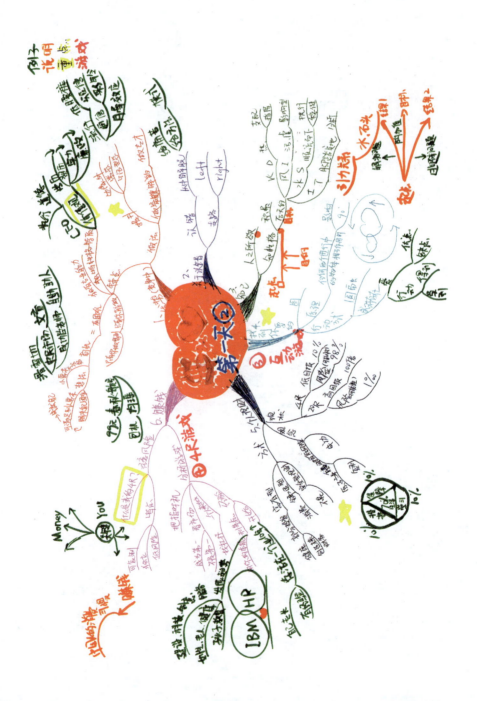

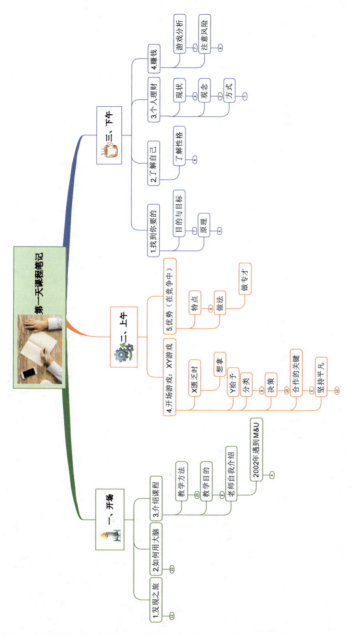

这是经过电脑思维导图软件整理的第一天的课程笔记的核心内容。一共包括三个部分："开场""上午"和"下午"。为了方便我们看清内容，这里通过两张分图展开所有内容。

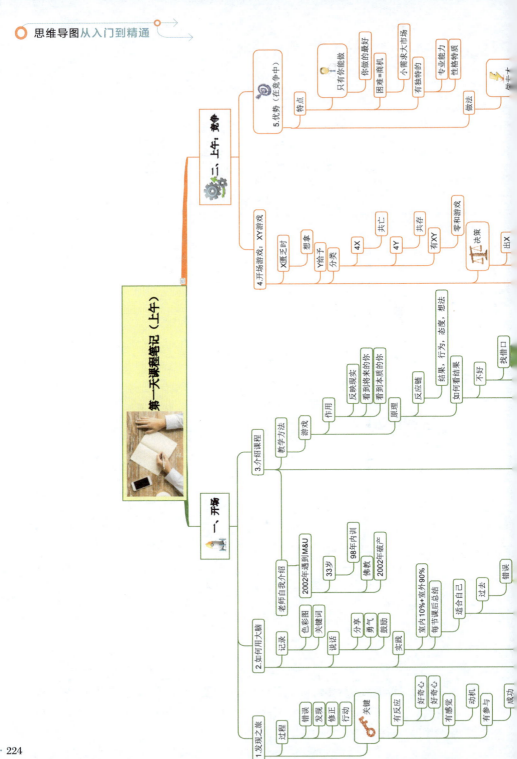

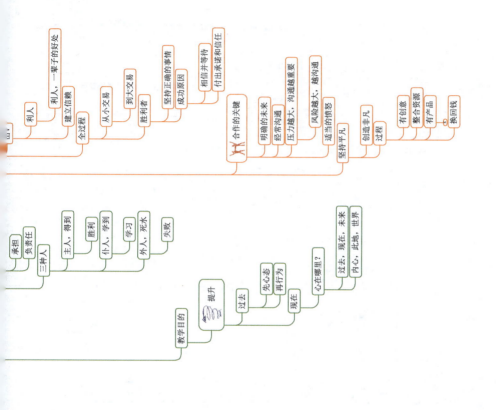

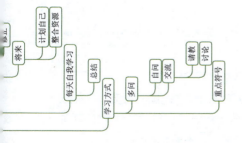

这是课程的上午部分的内容导图。一共包括五个阶段:"发现之旅""如何用大脑""课程介绍""开场XY游戏"和"竞争优势讲解"。

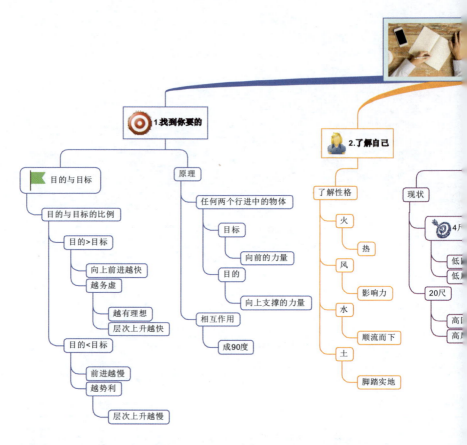

上图是课程的下午部分的内容梳理，内容包括"找到你要的""了解自己""个人理财"和"如何赚钱"。

在整理的过程中发现，手绘的档案明显更鲜活。原因有两点：①手绘导图的空间布局更合理和节省，阅读起来有愉快的感觉；②手绘导图可以勾起大量的回忆，让当时的心情也可以被记录和保留。

这是一个精彩的企业家商学院课程，第一天的课程内容如下。

（1）课程开场讲解：学习是一个不断修正的发现之旅；我们要通过多种方法掌握课程内容：读图，交流，分享，实践，自我总结，等等；课程中我们可向同学学习；课程的学习心态是，面对游戏结果负责任，怀着感恩的心。

（2）XY体验游戏。做正确的决策，关注承诺和信任，坚持付出和真诚，这

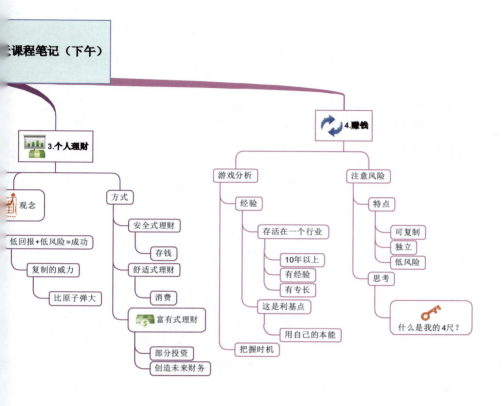

些都是合作的基础。明确的未来，频繁地沟通，坦诚地表达，是合作信任的关键。

（3）在竞争中把握自己的优势。独特的性格特质，独特的专业能力，满足他人的需求，都是竞争中生存的关键。

（4）找到你的目的和目标。意义深远的目的是提升生命的关键。清晰的目标是前进的方向。

（5）了解自己的性格：火，风，水，土。

（6）学会赚钱：找到自己的4尺。低回报 + 低风险的行动 = 成功。持续的坚持和努力，稳定的投资理念，是成功的利基点。

3. 电话营销

下图是我的一个学员（绘者名：车少鸣）制作的关于电话营销的听课思维导图作业。

她的思维导图分为三个部分，第一部分讲自己的学习目的，即成为优秀的销售员；第二部分写出课程基本理论，即心态、产品知识和销售技能三角形；第三部分是课程内容笔记。

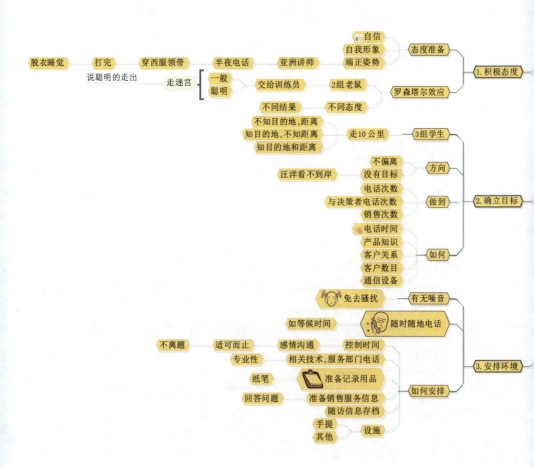

其中，第三部分课程内容的核心是：如何保持积极的态度；如何有效设定目标；如何安排打电话时的环境；了解产品知识；了解客户；有效传递信息。

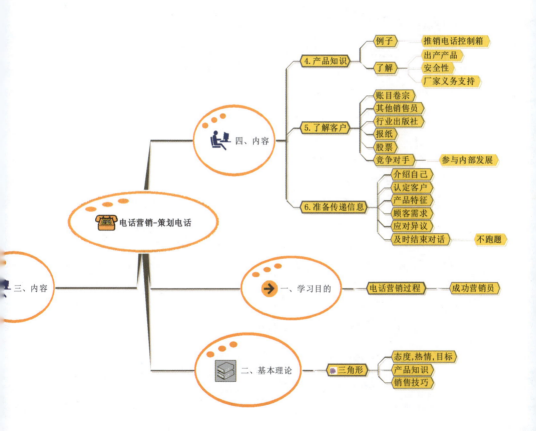

三、制作听课笔记的步骤

1. 绘制中心图，并写上主题词

建议使用手绘形式。因为手绘可以随时随地进行，并且记录的过程灵活自由。电脑较笨重，不便于听课携带。

2. 按照顺时针方向记录

听课记录的过程，我们刚开始会感觉有困难。因为我们只能知道老师当下说的内容，而无法像阅读分析那样掌握全部的逻辑脉络。

不过，这种分析困难会在我们持续使用思维导图做笔记之后改善。我们会逐步适应这种"当下整合和判断"的记录方式，不追求完美结构，只做到尽可能地有条理。

3. 采用多色笔绘制

听课笔记我们最好使用三种以上颜色的笔。第一种基本色用于记录老师讲课的"直接内容"；第二种颜色的笔，用于写当下引发的联想；第三种颜色的笔，可用于制订对应的行动计划。

如果我们有其他的需要标记的内容，比如难点标记，可用专门图标表示。

4. 可多次记录，完成全图

很多时候，我们的听课是一个间断而延续的过程。今天听一节，过几天听一节，然后花了半个月才将一个主题的课程听完。尤其当我们是在学校听课的时候，这种情况很常见。

这样我们的思维导图也可以采用多次记录的方法，也就是每次听课的时候，接着上次听课的图继续画。

四、如何善用笔记

1. 总复习的时候重新作图

听课笔记肯定会出现课程的总体逻辑不清晰的现象，因为听课的时候，我们是即时整理的。

所以，在总复习的时候，我们可以通过重新制作思维导图的方式，梳理课程内容的逻辑结构，同时对知识进行再次重温。

2. 背诵思维导图

"将整张图背下来"这种方法，对于以应试为目的的绘图者十分有效。

一张思维导图只是学习和记忆的中间产物，只有将图放在脑子里，才真正完成了思维导图的使命。

3. 应用范围

听课思维导图笔记可以用于我们实际听课，也可以用于我们看视频和听音频。同时我们也可以在开大型会议的时候做笔记，边听边思考整理，从而培养一种主动性学习的好习惯。

第三节　电影分析图

电影导图是我最喜欢的部分之一。它传递了一个学习的理念，就是每个当下都是学习的机会。我们可以从日常生活的每个环节中分析、总结并找到启示。

如果说身体的肌肉需要锻炼才更强健，那么我想说，大脑的肌肉也是一样，电影思维导图很像是一个思维健身项目。

一、电影思维导图的价值

1. 训练逻辑思维

通常我们看电影的时候，是极其感性的，理性思维变得很弱，我们很容易感同身受，与电影里的人物同爱同恨。但结果是看完之后，感受留下来了，却很难准确回顾故事的细节。

如果我们改变一下习惯，一边看电影，一边分析制作思维导图，那么，我们的左右脑将同时高速运转，因为我们需要当下分析和整理每个情节的要点和逻辑关系。

2. 成为观察者和思考者

有意识地在看电影时制作思维导图，将有助于我们成为更冷静的观察者和思考者。

当然，刚开始的时候很难，因为我们会手忙脚乱："怎么提炼关键词呀？""怎么画主干和分支呀？"

3. 提升现实生活分析能力

这样的训练让我们有了更客观的思维能力和更快速的现象分析能力。

在日常生活中，这样的思维习惯会反哺我们，我们在遇到各种突发事件、爱恨情仇或悲欢离合的时候，能多一份清醒的判断。

二、案例分析：《玩具总动员3》

这是在陪孩子看电影的时候绘制的思维导图，这让我们可以一边陪孩子，一边锻炼自己的分析能力。当然，如果孩子需要我们讲解内容，那么最好在独自看电影时做导图。

《玩具总动员3》手绘草图如下图所示。

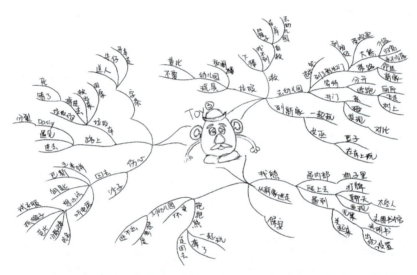

我们可以将不用的单面打印资料装订起来，作为思维导图手绘草稿本，如上图所示。

这张手绘草图是放在腿上用铅笔绘制的，所以文字会比较潦草。同时，因为一边看一边记录，内容的全貌是未知的，所以把核心主干空缺出来了。

《玩具总动员3》电脑版思维导图如下图所示。后期的电脑思维导图将之前空缺的内容一并补齐了，并添加了色彩和插图。

《玩具总动员3》讲的是一个团队合作的故事。玩具们因为主人长大了，所以意外地到了一个幼儿园。接着他们齐心协力逃离了大熊的控制，回到自己的家

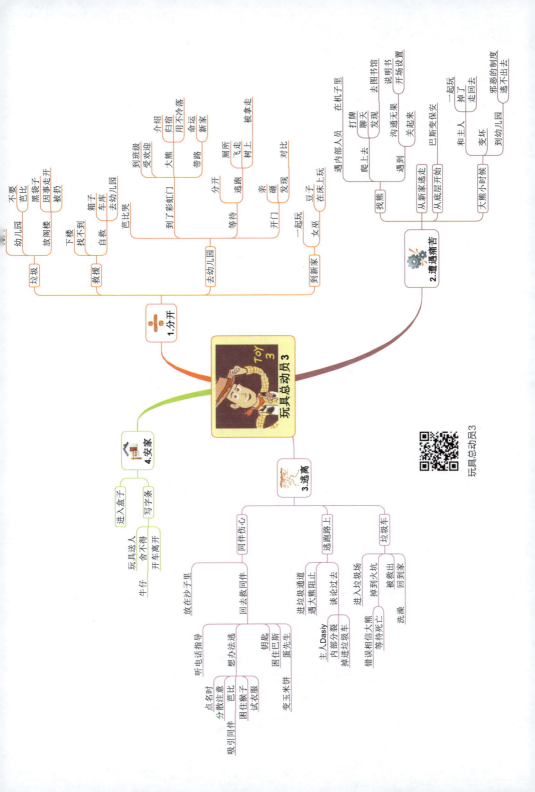

中。最后又一起被带到新的小主人,一个可爱的小女孩身边的故事。

增加收获感言的手绘图如下图所示。

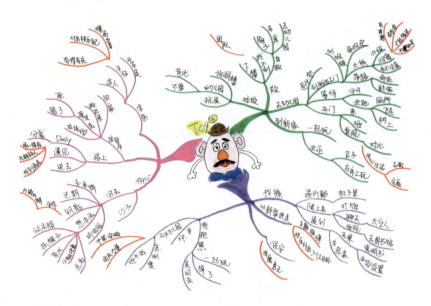

看完电影之后,我们可以通过看思维导图梳理电影的所有画面和回忆,然后用另一种颜色的笔标上自己当下的收获和感言。

看电影,有时也像经历了一次想象中的生活,我们可以感慨,也可以沉思,这样,看电影的时间价值就放大了。

在回顾思维导图的过程中,电影的画面历历在目。我们可以静静地回味每一个细节和片段,感受整个故事的旋律。我有了一些收获。

(1)胡迪的行为让我发现为团队的福祉付出,会让个人感到无比幸福。

(2)大熊虽然有美好的抱负,但如果将自己的理想强加在他人的痛苦上,就是一种罪恶。强人所难,必遭抛弃。

(3)巴斯虽然骁勇善战,但他缺乏智慧和判断力,鲁莽行事必然适得其反。

(4)通过团队的合作,我们可以突破许多枷锁。

(5)击败敌人不单要自己团结,还需要瓦解敌人的团队,找到敌人的痛点。

(6)真正的领导是愿意为团队牺牲自己的人,这才是无冕之王。

增加收获感言的电脑版思维导图如下图所示。

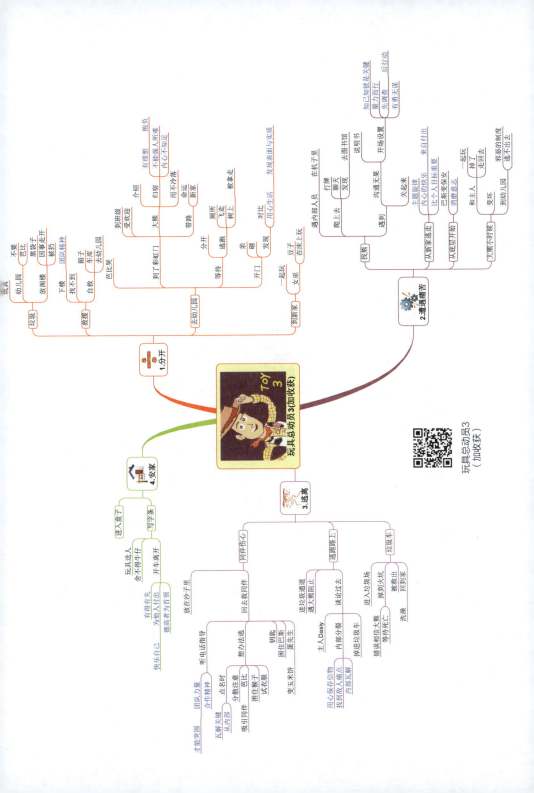

三、案例分析：《黑客帝国》

《黑客帝国》是一部比较经典的科幻题材电影，一共有三部，在这里将第一部电影的内容进行了思维导图分析。

手绘草图 A 如下图所示。

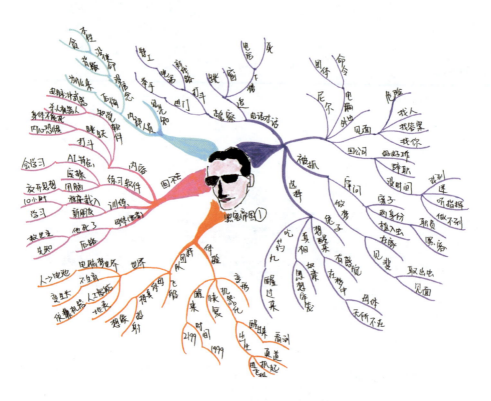

绘制时用的是 A4 纸张。后来发现一纸张不够，于是分作两张图将内容记录完整。记录的时候，分支可能不完美，但并不影响我们记录核心信息。

我们可以在完成电影观赏之后，根据自己的喜好重新整理思维导图。

手绘草图 B 如下图所示。

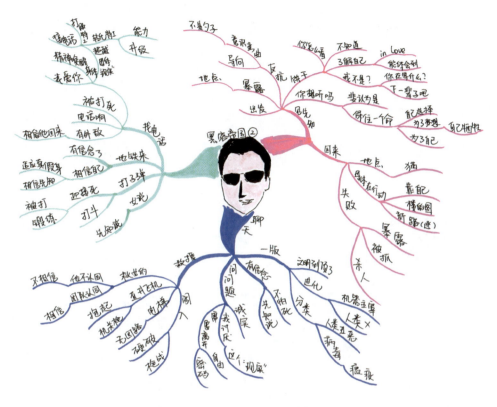

一边看电影,一边绘制《黑客帝国》思维导图,可以让看电影的过程变成一个愉快而紧张的大脑盛宴。因为电影的情节十分紧凑,同时我们还需要当下完成分析和总结。

电脑版思维导图如下图所示。

黑客帝国

1. 尼尔

电话对话
- 警察
  - 进门
  - 举手
  - 打斗
    - 电话
    - 跳天台
      - 新线路
      - 电话
  - 追
    - 窗
    - 下楼
      - 成功逃离

下一个目标
- 尼尔
  - 电脑
  - 外出
    - 母体
      - 命令
    - 危险
      - 找你
  - 见面
    - 找档案
      - 母体
      - 找你
  - 回公司
    - 好好工作
    - 辞职
      - 没时间
  - 案子
    - 两重身份
      - 植入跟踪虫
  - 审问
    - 逃跑
      - 听指挥
      - 做不到
    - 职员
      - 照答
    - 在家

被抓

6. 自救

- 帮对
  - 一件
- 女的说
  - 先知说的
  - 但还有事情
- 在打斗中
  - 锻炼能力
  - 学习中
  - 教打
- 对打子弹
  - 迎接死亡的心态
  - 找到了
  - 相信自己
- 真假身体
  - 身份和信念
  - 相信先知
  - 相信他回来
  - 适应了现实
- 地铁来了
  - 有外敌入侵
  - 电脑响起
  - 他被打死
- 精神超越母体"现实"
  - 我爱你
  - 精神唤醒身体
- 找电话
  - 女主角呼唤

- 特工软件的
  - 拥有能力
    - 打败特工
  - 升级变成
    - 特化特工
  - 一系统软件
    - 接电话

- 人类
  - 喜欢美好
  - 机器主宰
  - 人类灭亡
- 不喜欢美好
  - 文明到顶了
  - 人类不是哺乳动物
- 癌症=
  - 蠢恶
  - 不是哺乳动物

- 第一版本
  - 进化
  - 分类
  - 幸存者

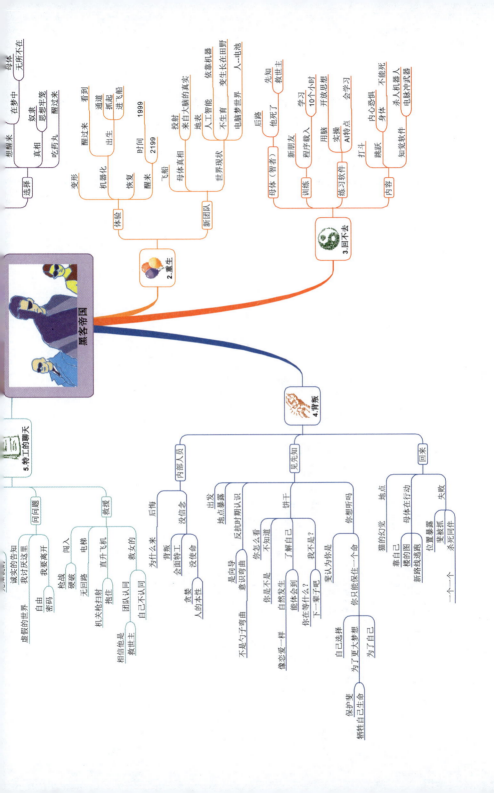

《黑客帝国》的第一部讲述的是主人公"尼尔"觉醒的故事。我将电影分为六个部分：尼尔，重生，回不去，背叛，与特工的聊天，自救。

尼尔原本是个普通的程序员，但由于过人天赋，他成为对抗"母体"计算机系统的不二人选。故事中的危机来自一个团队成员的背叛和告密，这造成了团队重大的人员损失及核心首领的被捕。最后，尼尔绝地反击，完成救援，并获得了自己的重生。

手绘草稿A（增加了感言）如下图所示。

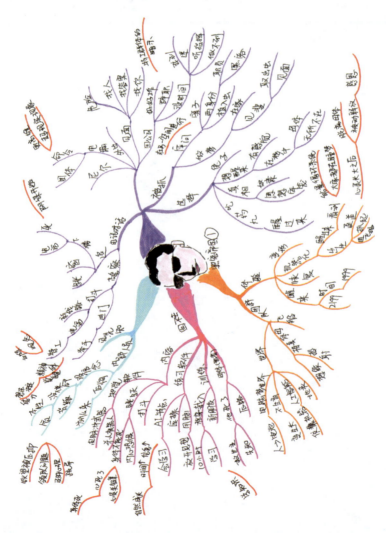

手绘草稿 B（增加了感言）如下图所示。

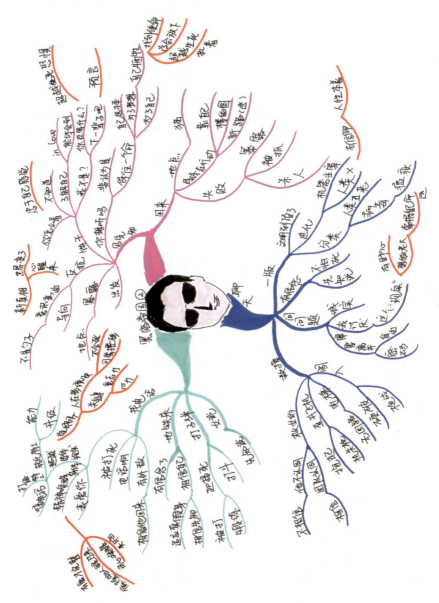

电脑版的思维导图（增加感言版）如下页图所示。

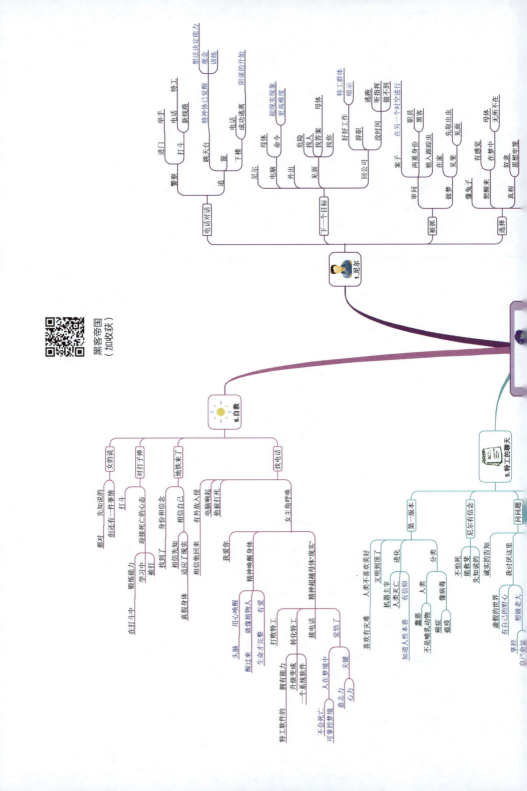

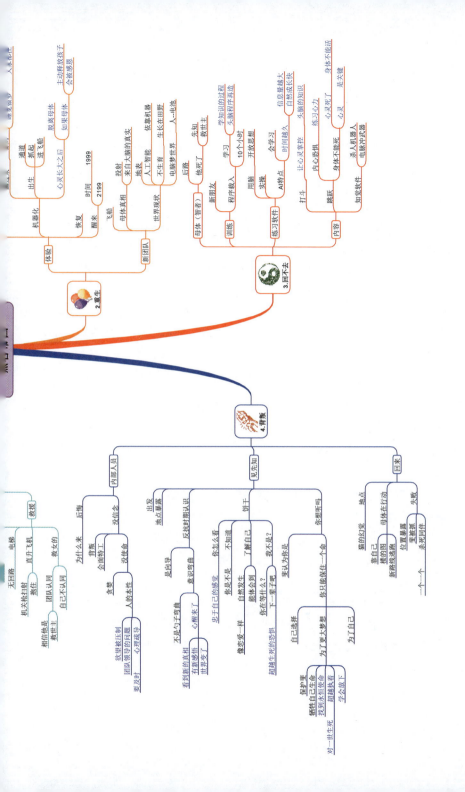

看完电影之后，我们就可以通过思维导图回顾整个故事，并在原图上加上我们由此引发的联想和感悟。

感悟1：人与人的区别在于心念。当精神已经觉醒，又经过适当的训练，那么能力将超过常人。

感悟2：故事中描述的世界是大部分人都在睡觉和做梦，没有真正感悟到生命的价值和使命。碌碌无为，等待觉醒。

感悟3：知识可以快速积累，但技能需要用心训练和融会贯通。我们在一个领域持续地实操和总结，技能会持续得到升华，就像 AI 的学习过程。

感悟4：当团队领导忽视成员的内心需求时，成员的心理压力就得不到排解，容易出现背叛和团队的危机。

感悟5：当心醒过来，就会看到新的世界，新的真相。

感悟6：当我们找到灵魂的使命，我们将充满力量，能够超越一世的生死。

感悟7：用爱来唤醒心灵，用心灵来唤醒头脑和身体。当心强大了，我们将能掌控我们的世界。

四、具体绘制方法

1. 画中心图或写中心词

这个步骤最重要的是找到纸张的中心，为全图打下一个好的布局基础。

2. 边看电影边作图

可以使用手绘，因为更便捷。先画一条空白分支，留作后期补充之用。然后开始边看电影，边记录关键词。

如果你发现："我根本没办法边看电影，边思考和记录关键词！"那么就告诉自己："没关系。放下完美的标准。只要开始，就会越做越好。"

3. 回顾总结

当电影看完，我们的图也同时完成了。这时我们可以通过思维导图开始回忆整个电影的细节。并用另一种颜色的笔，记录下自己"有感而发的启示"。

最好可以进一步，将自己得到的"启示"，变成行动方案。（标上完成时间点）

五、补充说明

1. 分析是更细致好，还是粗犷好？

分析电影导图时，我们可以把训练自己的观察思考力作为一个目的，这样，我们能记录得越细致，说明我们的即时分析能力在增强。

2. 注意劳逸结合

制作电影思维导图时注意力会很集中，所以我们要适时地让大脑休息，放松身心，有利于身体能量供应大脑。

第四节 写作灵感与思维导图

写作是一个系统工程，也是一门独立的学问：写作学。所以，在此我只是简略地提到几个写作学知识与思维导图相结合的思路。

首先，我们知道写作的基本过程有三个："立意""行文"和"改善"。

"立意"是追求真善美的过程，我们可以使用思维导图探索自己写作的意义、价值和追求；"行文"就是构思并遣词造句的过程，思维导图可以帮助我们理顺写作内容的核心结构；"改善"是文章写完之后的修整，我们也可以参照思维导图结构进行文本修改。

其次，写作的难点主要在"创造性""抽象性"和"严密性"上。

心理学家维果茨基认为，写作之所以很难，是因为："它需要作者用创造性的语言和抽象的思维来描述世界。而且，还需要具有严密的逻辑思维能力才能使得语言流畅。"可见，良好的思维素养是写作的基础。

一、写作的起点：阅读

阅读和写作之间的关系非常密切。

俗话说："Good in good out , rubbish in rubbish out."意思是说，对于大脑而言，大量优质信息的输入，会使得大脑可以输出优质信息；而大量垃圾信息的输入，必然导致大脑只能输出垃圾信息。

还有一句话说："如果想倒给别人一杯水，我们需要先有一桶水。"这也可以用在写作上。只有我们拥有大量的知识储备，才能进行流畅的表达和写作。

可见，大量优质的阅读，是良好写作能力的基础。

二、思维导图写作步骤

在此，我们通过一个简单的案例——写"妈妈"的文章构思，来直观地了解一下如何将思维导图用于写作。其实只有两个步骤。

1. 自由发散思考

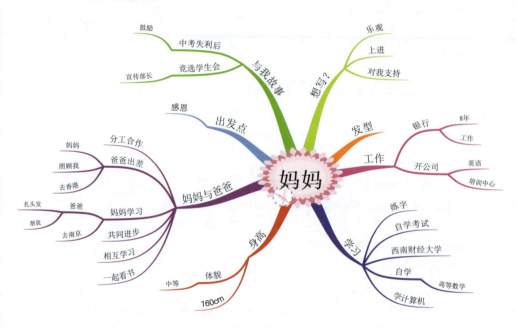

这个过程注重灵感的激发，忽略逻辑结构的工整。我们可以探索"写作出发点是什么？""最想写什么？""联想到的素材是什么？"等。

这与我们过去的写作方式有些不同。过去我们经常花费很多时间思考"第一句话怎么写"，以至于很多灵感都无法记录下来。或者思路容易中断，文章有时写到一半，之前的许多灵感又找不到了。这着实是一种让人痛苦的过程。

2. 形成写作结构

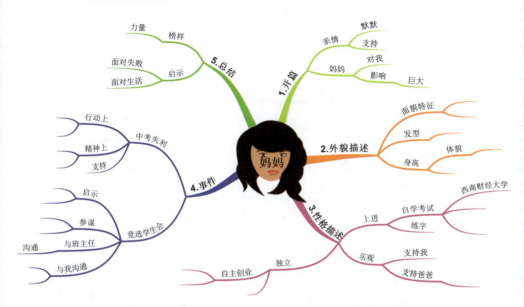

随着"自由发散"的深入,我们的素材慢慢聚集,思路也逐渐浮现。我们可以在原图上进行重整,也可以另起一张纸来绘图。

图中将"妈妈"的这篇文章分成了五个部分:开篇,外貌描述,性格描述,感动我的故事,总结。这就形成了一篇简单的人物描写文章的基本架构。

然后我们就可以开始文章的文字写作。我们已经"胸有成竹"了,剩下的工作就是努力地遣词造句、语句修整。

可见,虽然思维导图不能保证我们文章的每个用词都很精妙,但它可以帮助我们快速建立写作的思路和总体方向。这对应试中的快速写作很有帮助。

三、写作思维技巧

1. 路径思维

很多时候,写作都有对应的基本逻辑。我们可以在写作不同类型的信息时,根据不同的路径逻辑搭建写作框架。

例子1:"因果路径"思维

"为什么太阳系是扁的?"这张写作结构图采用的就是"因果路径"思维。

它主要通过对事物发生的原因进行分析,从而对结论进行印证。

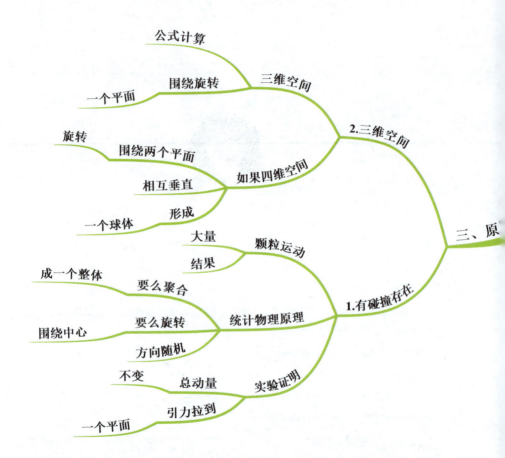

很多论述性文章或议论性文章可以用这个逻辑路径来构建写作框架。比如,"论中国的强大""为什么辛亥革命意义重大""家庭教育的重要性"或"应提倡母乳喂养"等主题。

第七章 思维导图学习法

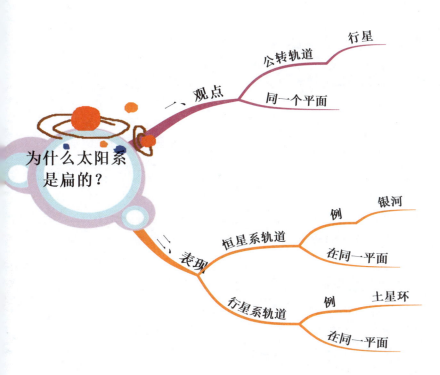

例子2:"构成路径"思维

下面的"癌症化学疗法"的写作架构,就是采用了"构成路径"思维,主要是根据目标内容的结构来组织文字,完成写作。

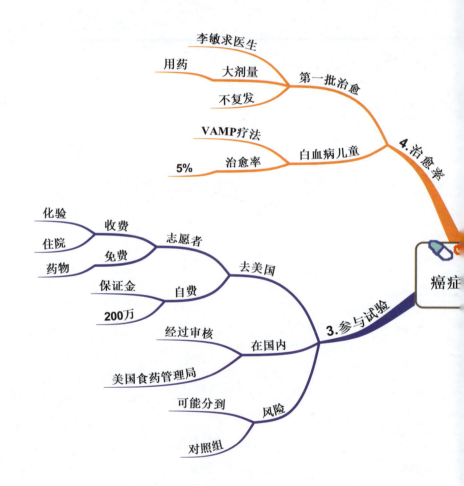

图中将"癌症化疗法"分成四个部分进行介绍,分别是它的"缘起",化疗的具体"治疗方法""参与实验"的方法和这种治疗的"治愈率"介绍。

"构成路径"的写作思维方法,主要用于说明性文章的写作,如"核能应用范围""游泳技能速成""细胞体介绍"或"我国少数民族的文化差异"这类文章。

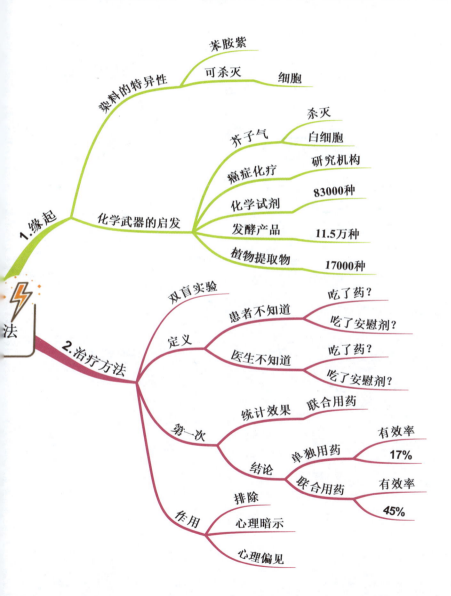

例子3:"过程路径"思维

"古希腊的发展"这个写作架构就是基于"过程路径"的思维,通过描述一个时间的变化过程来表达事物。

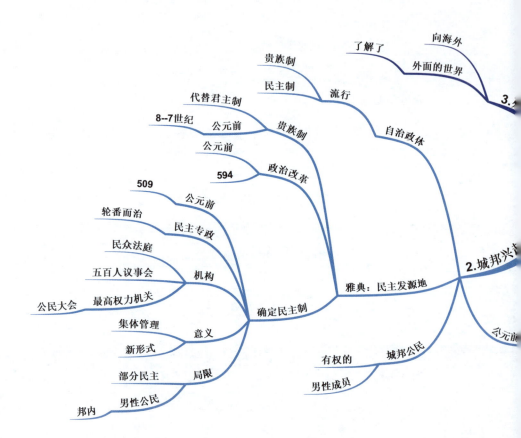

这就是我们最熟悉的记叙类文章了。武侠小说、新闻事件、科幻故事都是采用时间轴为逻辑条理的文字。当然，有的顺叙，有的插叙，有的倒叙。

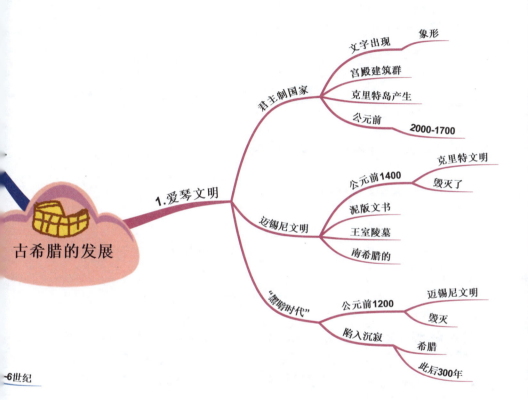

2. 赋形思维

赋形思维就是将你的作文主题赋予到具体的语言之中，变成材料、变成结构、变成文体的过程。

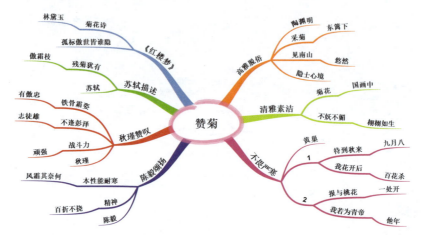

上图为"赞菊"这篇文章的写作结构，它采用的就是"赋形"的思维方式，让目标内容更丰满。这种方式在写作中很常用。比如，我们体味春天的时候，就可以为"春天"进行丰富的赋形："像个姑娘""像刚落地的娃娃""随风潜入夜，润物细无声"，等等。

如果我们感恩祖国的时候，就可以给"祖国"进行充满想象力的赋形："像母亲""像太阳""身影巍峨""上下五千年"等。

用赋形思维写文章多见于散文或抒情类文章。整个文章的结构是围绕感情的线索"起，承，转，合"。

3. 写作主体性构造方法

"写作主体性构造"是指作者对文章的精神自我形象的构建。其中包括文章的"写作人格""写作心理""写作审美"和"时代精神"。

第一，在写作人格方面，我们应追求"求真、向善和创美"。

第二，在写作心理方面，我们需要很清晰自己写作的动力。

第三，写作审美主要来自我们生命的真切感动，时间描述的流畅和空间描述的宽广。

第四，时代精神则是提醒我们，写作立意要有时代感。

这些在我们使用思维导图进行思路探索的时候，应作为思维的基本起点。

四、小结

1. 用心写，好文章

有人说，好文章的写作，就是从"执言无意"到"到得意忘言"的过程。也有人说，写作的最高境界是"无章法，朴实自然，文章天成"。

所以，除了使用思维导图理顺框架，我们还需要真诚用心。

2. 提升自我阅历是根本

《现代写作原理》一书中写道："我们应通过大量的阅读、多角度的深入观察和丰富的生存体验来提升我们的精神阅历。然后再用我们的生活经历、学历和游历来提升我们的生命阅历。最终写出好文章。"

第五节　考试学习计划

学会用思维导图做时间管理之后，我们肯定能在一个理念上达成共识，那就是"不打无准备的仗"。

应试，尤其是职场应试，一方面，重要——因为成败对我们的收益都有一定关联性；另一方面，困难——因为没有完整的学习时间，工作、生活与学习需要有智慧的平衡。那么，如何使用思维导图做"考试学习计划"呢？

一、考试学习计划模型

如下图所示，我们会发现，这个"计划模型"有以下特点。

1. 先设定目标

考试之前，首先需要清晰目标。就是"什么时间要考试""要拿到什么成绩"。

2. 现状分析

盘点一下自己的情况："哪些比较擅长""哪些是短板""哪里困难比较大"。

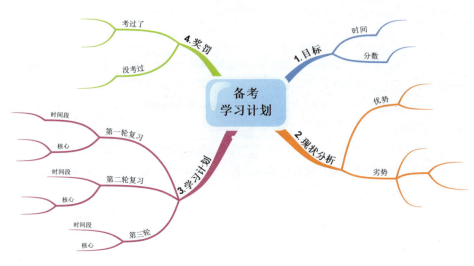

3. 学习计划

建议每次考试计划都要设置"三轮复习"。

"第一轮复习"以教材阅读和背诵知识点为主要目标;"第二轮复习"以做习题为主要内容;"第三轮复习"回顾教材、思维导图和习题,进行全面的查漏补缺。

4. 奖罚

这个部分主要思考如何奖励自己。比如,考过之后,计划一次出游或邀请伙伴一起聚会,让学习和生活良性互动。

二、案例:"心理咨询考试"学习计划

学习计划的背景:备考者 4 月 30 日开始制订备考计划,考试时间是 11 月 20 日。他(她)总共为自己设定了四轮学习的过程。

备考者首先设定了一个目标:用 5 个月时间(到 11 月 20 日),做到每科成绩在 75 分以上。

然后在现状分析中,他(她)认为自己的优势是,对心理咨询感兴趣,同时有提前规划的习惯。自身的劣势有三个,首先,阅读速度慢,于是想到解决方案是设定清晰的阅读目标,并使用思维导图来帮助阅读;其次,学习时间少,于是备考者找到的解决方案是,每天白天抽出 1 小时学习备考,晚上在睡前安排半小

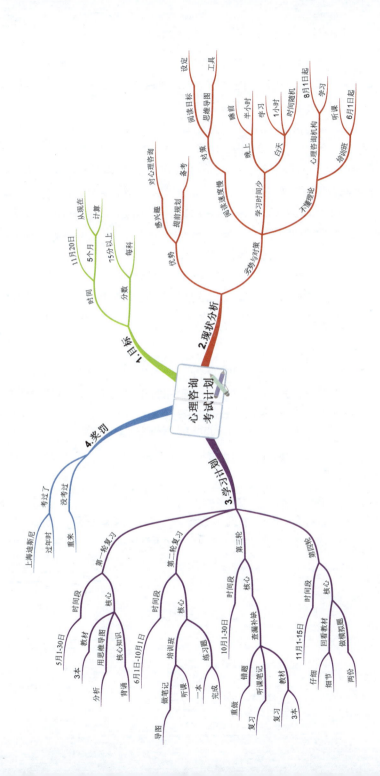

时进行当天知识复习；然后，自己对理论知识很陌生，于是决定参加一个 6 月 1 日开始的培训班，并从 8 月 1 日开始，去心理咨询机构学习观摩。

在学习计划的分支里，备考者将时间分成四个阶段：第一轮学习，时间从 5 月 1 日到 5 月 30 日，主要核心内容是将 3 本教材，用思维导图分析，并背诵；第二轮复习，计划从 6 月 1 日开始，到 10 月 1 日止，核心事务是参加一个培训班，并用思维导图做笔记，独立完成一本练习题；接着是第三轮复习计划，备考者准备在 10 月 1 日到 10 月 30 日，将所有的教材、听课笔记和习题册进行回顾，做到查漏补缺；最后第四轮复习，时间从 11 月 1 日到 11 月 15 日，主要的计划是回归教材阅读，并完成两份模拟题。

最后他（她）设定的奖励方案：去上海迪士尼游乐园过年。

通过这样的周密计划，我们就可以更加从容地进行备考。在 5 个月时间内，科学地安排，步步推进，做到用小的零碎时间来实现较难的职业资格证应考目标。

三、小结

1. 核心理念

备考学习计划制作的核心理念与工作策划图的核心理念一致，要有清晰的方向，同时计划的每个步骤都要落实到对应的时间结点。

2. 第一轮快速复习

第一轮复习需要尽快完成，其主要任务是熟悉教材的内容，这样为后期巩固知识预留时间。

3. 精确计算时间

时间的预算需要做到以小时计。也就是要计算好，每天几点到几点看书备考，每天看书几个小时，备考的全过程一共有多少小时的备考时间，等等。

第六节　学习状态调整法

学习状态是提升学习效率的一个关键。可以说，状态好地学习一个小时，效果相当于状态不好的时候学习十个小时。那么，如何拥有更饱满和专注的学习状态呢？

以下和大家分享一些方法。其中，最重要的是学习冥想法，简单同时非常有效。

一、学习冥想法

学习冥想可以在每次学习开始的时候做，大概需要 5 分钟的时间。比如，在校读书的学生，可以选择每天晚上回家开始做作业的时候，拿出 5 分钟来冥想，一天一次。这种方法可能更适合初中以上的学习者，因为操作起来需要一定的意识自控能力。

学习冥想分为两个部分：放松和暗示（视觉化沟通）。

1. 先放松

整个冥想都需要闭上眼睛，首先是进行放松。

（1）坐凳子的三分之一，后背离开椅子的靠背。

两脚自然平放，两手自然垂放在大腿的膝盖上。可选择硬板凳，因为普遍认为这会更利于集中注意力。

（2）挺直脊椎和腰部，将两肩尽可能往后展开。

舒展前胸对改善大脑的氧气供应与学习状态的振作都很有帮助。

同时，可以想象头顶有一根绳子将自己提起，帮助自己挺直腰背；并想象手臂和大腿完全放松，好像已经飘到空中一般放松。

（3）开始调整呼吸。

尽可能拉长呼吸，慢慢地呼气，慢慢地吸气。

同时，加深呼吸的深度，将呼吸拉到丹田。可以想象腹部的位置有一个红色的小气球，吸气的时候小气球逐步吹大，吐气的时候小气球慢慢缩小。

完成一次呼吸就默数一下，一共缓慢地深呼吸十次。

2. 开始视觉化沟通和暗示

在脑海中浮现自己的模样,看到自己正在学习的画面,比如,坐在桌子边,手拿着笔,正在学习的样子。

一边想象着自己学习的样子,一边在内心告诉自己:"我正在专注地学习,我很喜欢学习,学习让我很快乐。我的思维很活跃,记忆很清晰,我享受学习的状态……"

这种自我暗示和视觉化沟通持续一到两分钟,让自己感到心满意足就可以了。

最后,伸一个懒腰,大吸一口气,冥想完成,可以开始学习了。

一天一次就足够了。你会发现,几个月下来,自己的学习定力更好了,专注力和记忆力也更好了,甚至急躁的性格也会得到改善。

二、其他保持状态的方法

1. 控制学习时长

每次学习时长在 40~60 分钟为宜。自己可以设定一个闹钟，到了 50 分钟左右就停下来休息一下。但休息时间不能过长，5 分钟左右。让自己走动走动，放松放松，然后再继续学习。

这样每次在还没有感觉到累的时候，就开始休息，可以让我们保持长达 3~4 小时良好的学习状态。但如果我们一次不间断的学习时间过长，结果会是，一旦休息，就很难再重新进入良好的学习状态。或者休息之后，内心就不愿意再开始学习了。

所以，学习时不要等到感觉累了才休息。

2. 空腹更利于学习和记忆

空腹或稍微有点饿的时候，头脑会较为清明，记忆力也较好。相反，如果我们在刚吃完饭的饱腹状态下学习，会发现自己的注意力和记忆力都有所下降，同时也不利于消化系统的正常运转。

所以，建议饭前半小时学习一下；而饭后稍作休息约半小时，再开始学习。

3. 多喝水

学习的过程中可以多喝水，有利于大脑运转。甚至有的学习专家说，如果我们有的数学题做不出来，可能喝一杯水之后，就有思路了。

可以看出，喝水对学习状态是很有帮助的。它不单可以提高身体的新陈代谢，也可以一定程度改善大脑供氧。同时，建议喝含矿物质的水，少喝纯净水。

第八章 思维导图与记忆法结合

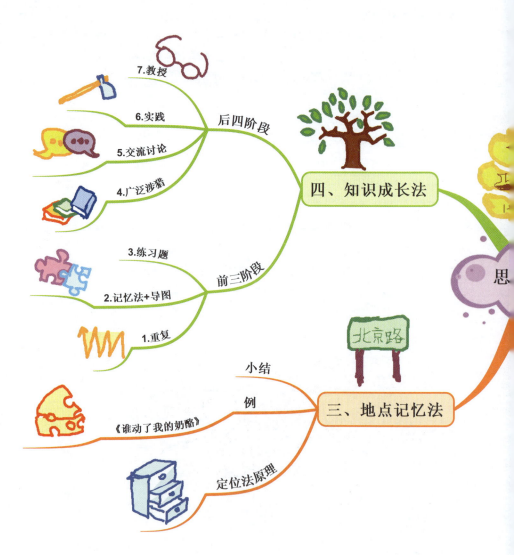

思维导图很神奇，记忆法更奇妙。这一章就来专门探讨一下，如何让这两种神奇的技术"双剑合璧"。

第一节会从基本观念上讲述记忆方法的三个要点；第二节汇总了五个记忆思维导图的方法；第三节重点谈到如何通过地点定位法来记忆导图；第四节会分七个阶段来总结知识成长的过程。

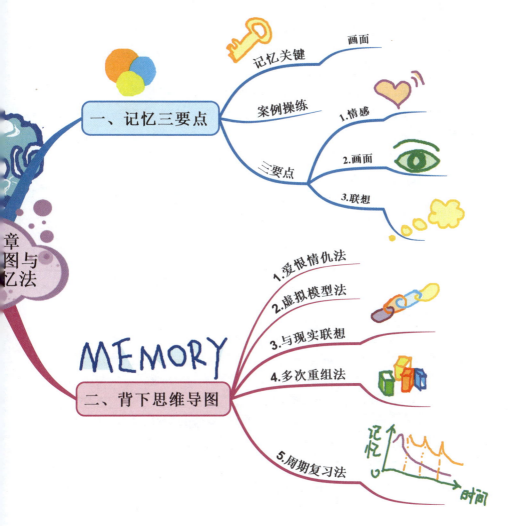

第一节 记忆方法的三个要点

很多人都认为，记忆力是一种本能，天生的能力，无法提升。我在接触脑力开发训练之前，也是这样认为的。

同时，大多数人都认为，自己随着年龄的增长，记忆力衰退了。甚至很多20岁、30岁的年轻人都把记忆力衰退当作口头禅和自然的事情。可见，我国对于记忆力的基本认知的普及还有很长的路要走。

事实上，我们常说的记忆力，只是一种生活中自我感觉的记忆和回忆状况。而真正的记忆力训练，讲的是每个人可以掌握的一种方法和技术。记忆大师不是天生脑子比较好，只是他们持续用正确的方法使用大脑。

记忆力训练的历史可以追溯到很早以前。很多书中都写到，在古罗马时期，学者们为了提升演讲能力，就已经开始使用空间定位法。

而且，这些记忆力训练的方法一直在被传授着，尤其是各国的特工群体，都接受过记忆力专门的训练。

一、画面是记忆关键

所有的记忆和创造都基于丰富的想象能力。想象能力就是想到图像的能力。为什么？

1. 画面与右脑相关联

右脑又称为原始脑，我们大量的信息都存储在右脑中。而左脑更像我们的CPU处理器，它可以快速分析和归纳信息，用语言文字进行表达，但只有暂存功能，大脑"关机"休息时很多内容就清零了。

所以，我们做梦的时候，也就是大脑在进行信息运作的时候，我们会看见画面和图像。比如，某个人在做什么事情，发生了哪个故事。我们不会在梦中出现一行一行的文字，因为文字不是信息的最终存储形式，图像才是。

2. 画面蕴含的信息量巨大

我们的大脑之所以选择用画面的格式存储信息，是因为这是最节省大脑容量的方式。脑海中的一张图画里面包含了"图画的内容信息""图画的缘起信息""图画的发展信息"和"图画的情感信息"等。

3. 画面可以存储长久

画面由于其信息量大的缘故，所以遗忘周期较长。就算我们历经数年之后，对一些信息的记忆变得模糊，还是能保留下部分要点。

但文字的生命周期较短，我们可能过了几天之后，就忘了看过什么文字，说过什么话。

二、记忆案例实操

1. 记住圆周率小数点后前 20 位：14159265358979323846

第一步，创造画面。

我们可以把数字两两组合，然后根据声音或意义的联想构建画面。

比如，14 想到"钥匙"；15 想到"鹦鹉"；92 想到"九儿妹妹"；65 想到"刘胡兰"；35 想到"山上的老虎"；89 想到"芭蕉"；79 想到"气球"；32 想到"扇儿"；38 想到"留下的伤疤"；46 想到"猪饲料"。

第二步，将画面连接在一起。

这里一定要按顺序，因为数字顺序错了就会记错。

举例，我拿着一把"钥匙"打开"鹦鹉"的笼子，然后"鹦鹉"飞到"九儿妹妹"肩膀上。"九儿妹妹"正在和"刘胡兰"打架，"刘胡兰"不想打架就骑上了"山上的老虎"，爬到"芭蕉"树上躲起来。没想到"芭蕉"树上挂着的"气球"炸了，里面的"扇儿"掉在树下一个人头上，留下长长的"伤疤"。这个人正在树下搅拌"猪饲料"。

第三步，熟悉故事画面，并将故事还原成数字。

当我们将数字与对应的解码反复熟悉之后，画面还原数字的过程会大大提速。

2. 记住中国古代十大古典名著

《水浒传》《红楼梦》《三国演义》《镜花缘》《西游记》《儿女英雄传》《封神演义》《老残游记》《儒林外史》《孽海花》。

第一步，创造画面。

我们熟悉的故事，可以直接选取里面形象鲜明的人物；对于不熟悉的故事，我们可以直接音译构图。

比如，《水浒传》联想到"武松"；《红楼梦》联想到"林黛玉"；《三国演义》联想到"诸葛亮"；《镜花缘》我们如果不熟悉故事内容，可以简单音译联想到"镜子"；《西游记》联想到"孙悟空"；《儿女英雄传》联想到"一对龙凤胎"；《封神演义》联想到"狐狸精"；《老残游记》联想到"一个拄着拐杖的老头"；《儒林外史》联想到"穿着大袍子的范进书生"；《孽海花》联想到"海里的浪花"。

第二步，将画面进行联想构图。

比如，我们想到"武松"牵着"林黛玉"的手，去见"诸葛亮"。这时诸葛亮正在很气愤地用"镜子"打"孙悟空"的头，因为孙悟空偷了"狐狸精"刚生的"一对双胞胎"。孙悟空很委屈，于是把小女孩送给"一个拄着拐杖的老头"收养，小男孩送给"穿着大袍子的范进书生"收养，然后自己钻进了"海里的浪花"。

第三步，熟悉画面，复习，并还原成古典名著的名字。

因为画面和故事很有趣，我们可以带着更丰富的情感复习这个故事，然后再将它们还原成名著原名，记忆就完成了。

三、小结

实现记忆的三个要点是"情感投入""生成画面""创造联想"。

1. 情感投入

这是记忆的第一步。我们或是喜欢，或是厌恶的情感都可以帮助我们增强大脑记忆。但如果我们没有任何情感反应，想与新的知识之间建立强链接，将很困难。

就像有句煽情的话说：你可以爱我，也可以恨我，但不要忘记我。

2. 生成画面

这是启动右脑和潜意识的过程。我们将要记忆的任何文字信息转化成脑海中对应的画面，然后记忆就会变得深刻。

3. 创造联想

这标志着记忆的完成。很有趣的事情是，如果我们想记住一个"新的知识"，必须将它与过去脑海中的"旧知识"进行联想。就好像给新知识找到一个生长的土壤一样，只有新旧知识之间产生了丰富的联想和互动，记忆才最终实现。如果没有进行"新旧知识的联想"，就好像你认识了一个"新朋友"，但以后就从来不跟他进行联系，很快你将失去这个朋友。

四、补充

专业记忆力训练是一个系统的领域，在此简单介绍一下。大脑和身体的其他部位是一样的，需要在持续的训练中强大自己。同时，记忆力训练也和健身训练很像，需要长时间的枯燥和重复练习过程，并不是一蹴而就的。

记忆力基础训练有记忆无规则阿拉伯数字、记忆扑克牌、记忆二进制数字等。它们的共同原理是训练大脑的创造力、联想能力和专注力。

从这个角度说，思维导图也是一种脑力训练机制。只不过，记忆力训练侧重右脑的想象能力，思维导图侧重左脑的逻辑能力。

第二节　记忆思维导图

上面我们讲到，记忆的三要素是"情感""画面"和"联想"。那么，我们就围绕这个基本原理，来看看如何将其应用在记忆一张思维导图上。

为什么要记忆思维导图？因为不管你的思维导图做得多美妙，它始终是思考的中间产物。最终我们要实现将思维导图记在心中，做到"手中无图，心中有图"。记忆方法有以下五种。

1. 爱恨情仇法

有人说："记忆就是与知识谈恋爱。"是的，充分的情感投入，对于记忆很重要。

当我们完成思维导图绘制之后，就可以拿起它反复品味，仔细回顾每个关键词和绘图时的感悟。

我们可以对有些知识很喜爱，也可以对某些知识内容表达一种惊讶和意外；同时，因为另一些知识点，我们会感到很愤怒或不解……这样，我们与图中的新知识就建立了更深的链接。

一定要知道，同样的老师和学习时间，同一个班学生的成绩会有天壤之别。

其中的原因,一定不是谁比较帅,或谁坐姿更美,而是内在学习过程的差别。

想象力丰富、内心情感饱满、富有创造力的同学,学习记忆更轻松;如果你的大脑是一潭死水,只会痛苦地死记硬背,你学习十个小时的成果,可能比不上别人学习一个小时的成果。

2. 构建虚拟模型

将思维导图中的信息在脑海中构建一个新世界,使信息"活过来"。

其实很多"书籍分析图",里面都蕴含着作者构建的一个完整世界。知识之间相互联系形成故事和画面,情节环环相扣,相互作用。

请不要以为只有小说和文科书籍中有生动的想象世界,理科书籍和数学书里面一样有真实鲜活的世界。这种构建虚拟模型的方法,适合所有科目。

我们如果可以在脑海中,重现书中所描述的世界,将更深刻地领悟作者的语义,也可以更牢固地记住书中的内容。很多时候,我们会在构建虚拟模型的过程中恍然大悟,感受到作者的深意。

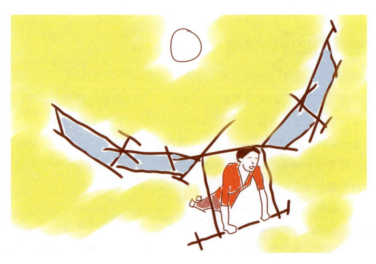

3. 与现实故事联想

在品味自己完成的思维导图时,我们最好尽可能将图中的信息与现实进行联想。

我们回忆过去曾经经历的事件与思维导图之间的关系,同时,将思维导图的信息与现实故事进行类比,这样,记忆将会较深刻。

我们要尽量将思维导图中的知识具象化、真实化。

4. 多次重组导图

我们可以将一张思维导图中的信息反复重构和组合，按照几种新的分类方式进行整理，然后我们对知识的认识和记忆将自然清晰。

比如，在分析书籍时，我们可以先根据原书的结构整理知识；第一次复习时，根据自己的兴趣重新梳理知识；第二次复习时，根据与他人分享的思路，梳理出可用于演说的知识亮点。

思维导图是一个知识拼图，我们可以灵活地拆解和组装知识元素。在这样的过程中，我们会对每个知识零件的性能和它们之间的关系有深刻领悟。

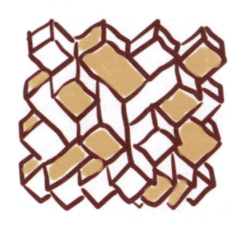

5. 制订周期性复习计划

遗忘是大脑自我修整的重要方式。我们会定期清扫大脑中的垃圾，就像手机杀毒软件清理垃圾一样。大脑如果发现有些信息很少被提用，就自动确认为"垃圾信息"，被遗忘掉；大脑如果发现这些信息被多次反复使用，就确认为"重要信息"，保留不遗忘。

所以，我们需要了解大脑的遗忘机制，并针对性地与大脑进行沟通。

如下图所示，大脑的遗忘曲线显示：第一天是遗忘的第一次高峰期，第七天是第二次遗忘的高峰期，然后就是一个月和半年。经历了这几次清理，剩下的知识将被长期保留在大脑中。

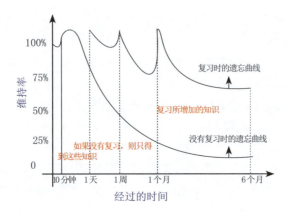

所以，我们复习和回顾的频率对应是，做完图的第一天晚上，是第一次复习时间；做完图的第一个周末，是第二次复习时间；做完图的一个月，是第三次复习时间；最后是半年的时候，是第四次复习时间。

复习可以变着花样来做，只要将内容在脑中回顾提取，即可达到复习效果。

综上所述，这些方法不是独立的，而是相互促进的。我们制作的思维导图可能适合用其中一种方法，也可能适合用几个方法结合。这取决于它对我们有多重要。

第三节 地点法与思维导图记忆

这节我们专门来聊聊记忆方法中的一个较高阶方法与思维导图的结合——用地点法记忆导图知识点。这种方法主要用于考试知识导图的背诵，还有重要书籍分析图的背诵。它可以快速完成记忆，并让知识点的内容准确清晰地在脑海中浮现。

一、定位法的原理

经过上两节对记忆方法的观念普及，我们已经很清楚，记忆需要有画面，有联想。在此，我们讲到的"定位法"就是一个"新知识的连接点系统"。

既然记忆需要"以熟记新"，那么如果我们有一个熟悉的"事物群"，就可以很科学地使用它们来承载新知识。形象地说，就是组建庞大的"记忆锚"，或者叫作建立大量的"记忆抽屉"。这样，经过编整后，就可以轻松地在对应的"记忆锚"或"记忆抽屉"中，找到我们需要的信息。

听着又神奇又好玩。其实，我们每个人的大脑都可以这样运作。

定位法有很多具体操作方法，比如，根据身体各个部位创设的"身体定位法"；根据熟悉的故事人物创建的"人物定位法"；还有根据熟悉的场景创建的"地点定位法"等。

在诸多定位法中，"地点定位法"以其庞大的存储能力，成为最实用的方法，我们简称为"地点法"。

具体来说，"地点法"就是提前寻找并整理大量自己生活中熟悉的地点，作为我们后期记忆使用的"记忆锚"。等到我们需要记忆的时候，就将新的知识放在准备好的地点"记忆锚"上。

二、实操案例：《谁动了我的奶酪》

第一步：创建地点系统。

我们可以沿着自己回家的路，选取连贯熟悉的"地点"作为记忆知识的基础。比如，从居住的小区外一直走到小区大门，找 10 个地点，依次是停车场、雕像、水果店、小食铺子、果蔬超市、保安亭、大铁门、大榕树、喷水池、小区地图牌。

只要回忆这 10 个地点信息对你来说非常轻松，而且不会弄错就可以了（可以把它们记在本子上备用），这样记忆准备工作就完成了。

第二步：进行记忆。

我们看完一本书之后，如果认为当中有许多个核心内容需要背诵下来，就可以把刚才写下的地点拿来用。

在思维导图中我们可以看到，我们标出了认为要记忆的 7 个核心内容。具体如下。

（1）问题和答案都是一样的简单。奶酪 c 站的情况发生了变化，所以，他们也决定随之而变化。

（2）这就是生活！生活在变化，日子在往前走，我们不能在原地踌躇不前。如果不改变，你就会被淘汰。

（3）经常闻一闻你的奶酪，你就会知道，它什么时候开始变质。尽早注意细小的变化，这将有助于你适应即将来临的更大的变化。

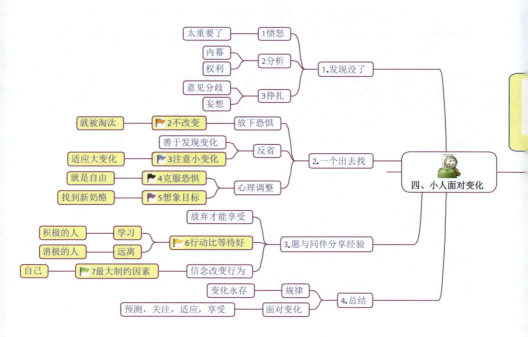

（4）当你超越了自己的恐惧时，你就会感到轻松自在。朝一个新的方向迈进，使自己获得了自由。

（5）在我发现奶酪之前，想象我正在享受奶酪，这会帮我找到新的奶酪。

（6）有的人像"嗅嗅和匆匆"反应灵敏，也有的人像"哼哼"不愿意改变。我们应该主动地调试自己，向积极主动的人学习，而不要被消极等待的人影响。

（7）还有一点必须承认，那就是阻止你发生改变的最大的制约因素是你自己。只有自己发生了改变，事情才会开始好转。

当我们完成阅读，找到要记忆的核心内容之后，我们需要做的就是按顺序将"地点"与要记忆的"信息"进行构图联想。步骤如下。

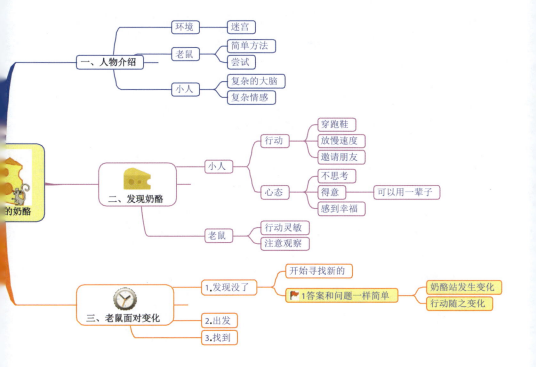

（1）将第一句话与"停车场"进行构图联想。

我们想象自己正准备停车，但惊讶地发现停车场被挖了一个大坑！于是只好决定换一个地方停车，并告诉自己：随着变化而变化。

（2）将第二句话与"雕像"进行构图联想。

可以想象我们自己变成了那个雕像。站在那里不能动，正挡着一大群人的路。这时自己干着急，但身体无法改变。最后被拆掉了！心酸的结论就是，如果你不改变，你就会被淘汰。

（3）将第三句话与"水果店"进行构图联想。

想象自己是水果店卖水果的人。随时要闻闻水果有没有变坏，哪些水果应该促销降价了。否则,水果都坏了,就破产了!结论:注意小变化,适应大变化。

(4)将第四句话与"小食铺子"进行构图联想。

想象小食铺子里有一只小狗,自己很怕,每次都不敢去小食铺吃东西。有一天,自己克服了恐惧,走进去享受了美食,发现自己内心愉快。结论:超越恐惧,倍感轻松。

(5)将第五句话与"果蔬超市"进行构图联想。

每次去超市的时候,都会在门口想象自己吃奶酪的美妙感觉,然后就会很有动力,冲进去把它买下来。结论:想象很重要,有助于找到新奶酪。

(6)将第六句话与"保安亭"进行构图联想。

想象自己要走出保安亭,探索新世界,但是里面有一个消极胆小的"哼哼"在扯着我的手。于是自己毅然放手,与"嗅嗅和匆匆"一起踏上征程。结论:向积极的人学习,不受消极思想的影响。

(7)将第七句话与"大铁门"进行构图联想。

想象自己站在铁门里面,手上拿着钥匙。决定权在自己手上,如果打开铁门,自己就出去了。结论:最大的制约因素是自己。

这样我们就把《谁动了我的奶酪》这本书的一些核心要点记住了。记忆的过程很有创造性,因为我们将书中的知识活化了。

第三步:适时复习。

我们可以用一个笔记本记下自己第一次记忆这本书的日期,然后制订一个复习计划。比如,第一天晚上复习一次,第一个周末复习一次,第一个月末复习一次。这样书中的知识就会深深地印在我们的脑海。

三、小结

使用地点法的时候,我们需要完成三个步骤:创建地点,进行记忆,适时复习。

第一步:创建地点系统。

先确定一个自己熟悉的场景,比如,每天回家往返的街道。然后根据一定的顺序,将街道路线上的固定事物提取作为"记忆地点"。

我们可以找一个小本子,一边沿着街道行走,一边记录下看到的固定事物。这比我们呆坐在桌子边想象,来得更轻松和准确。

选择"记忆地点"的依据是,固定的实物,这样选取的地点不会被轻易改变;

大小适中，如果选取的地点太小，会很难记忆和联想，而如果选取的地点太宽大，则可以再细分成几个小地点；按照行进路线的顺序选择，可以避免遗漏和混乱。

第二步：进行记忆。

记忆开始前，我们要在脑海中回忆两三遍路线。让我们做到离开小本子，也可以清晰地回忆起记录下来的"记忆地点"。

然后，我们将需要记忆的知识点与对应的地点进行图像化创造。让这些文字变成一个画面或简短的故事。这样我们就可以将知识点与"记忆地点"进行创造性联想，实现定位记忆。

切记要自己独立充分地发挥创造力，想象有趣而生动的画面，这样知识在大脑中才会深刻。

第三步：适时复习。

没有根据"遗忘规律"进行复习，遗忘将是必然的，所以请用笔记本制订一个复习计划。

刚用地点法记完思维导图知识点之后，我们马上放下图进行回忆。在脑海中根据路线的顺序，依次回忆每个"记忆地点"上的具体知识内容。

然后，在当天晚上睡觉前，躺在床上再次复习。同样也是根据地点的顺序，浮现出上面对应的知识点画面。如有遗忘，就及时强化画面。

接着是第一周的周末复习一次，第一个月的月末复习一次，至少一共复习四次。

四、使用注意事项

"地点法"的好处是，快速清晰地完成知识点记忆。如果考试之前，有的知识我们不能深入领悟，但却要求快速完整地背诵，这种方法最适用。而且，这种方法使用到极致可以让我们做到背诵整本字典。

但缺点是，需要先在大脑中创建一批"记忆地点"。同时，对我们的想象力有一定的要求。同时，如果不能将知识点有效转化成图像，记忆将无法开展。

第四节　知识成长法

牢记知识的关键就是有效地复习。在这一节中，我将学习作为一个系统的工程思考，并设定了多个进阶的方法进行复习。最终的效果是，实现知识在头脑中的成长和发展，让自己及更多人受益。具体实行起来有以下几个阶段。

1. 持续重复

这是我们最常用的记忆方法，是学习记忆的最基础工作。它也可以说叫死记硬背。日常中，要达到把知识记在大脑的效果，我们首先需要持续地重复信息，增强大脑的印象。不过，很显然，这种方法技术含量较低，单纯使用这种方法也容易产生遗忘。

最明显的例子就是，有的学习者嘴上在一遍一遍地重复，脑子里却想着别的东西："等会儿吃什么呀？""有什么好看的节目呀？"……可见，简单地重复并没有启用大脑全部的资源，大脑还有很多精力富余。

2. 记忆法和思维导图

这两种方法是学习者必备的基本技能，是梳理知识的首要步骤。以下我分别讲讲它们是如何帮助我们记忆的。

（1）记忆法。

记忆方法的作用是让我们更完整具体地记住知识。我们使用记忆法时，关键是充分发挥想象力和联想力，让我们要记忆的知识变成形象生动的画面、声音和感觉。这使右脑激活，直接产生深刻的印象。

这个过程大脑注意力十分集中，学习也会很快乐，完全可以避免学习记忆的过程中开小差的现象。

（2）思维导图。

思维导图的作用是让知识记得更有条理，并将新旧知识形成互通的知识网络。思维导图与记忆法的区别是，思维导图更关注知识点之间的逻辑结构，它让我们在分析和整理知识网络的过程中，潜移默化地完成知识记忆。

所以，日常学习中，对于大量信息的记忆，光用记忆方法是不够的。熟练使用思维导图可以让知识点相互激发和回忆，使记住的信息更灵活地被感知。

3. 做练习题

做习题也是记忆知识的重要方法。在知识被反复咀嚼和分析之后，我们可以使用做习题的方法来检验记忆的效果，并发现记忆的盲点。

在知识没有被记住的情况下，做习题会让我们感觉很痛苦；如果知识已经被熟记，做习题可以让我们的记忆锦上添花。

可见，做习题是在我们使用了记忆法和思维导图之后，用来活化脑中原有知识的好方法。

4. 阅读同类型书籍（涉猎）

前面的三阶段记忆方法，都是在目标知识上直接用功，实现强记的。而从第四阶段的记忆方法开始，我们提倡的是触类旁通的记忆。这些方法不直接在原有知识上用功，却是真正记住目标知识的方法。

基于文字的局限性，我们发现，如果只阅读一本相关知识的书籍，我们对这个知识的掌握程度是极低的。想要让知识成长，就需要深入本学的同时，广泛涉猎。

举个例子，10 个人一起去博物馆参观，并让每个人回来之后都认真描述一遍博物馆看到的事物和参观的感受，于是结束参观后，每个人都很用心地描述了一遍。

我们会发现每个人说的博物馆都不一样，有的人说博物馆是这样，有的人说是那样。并不是哪个人说错了，只是语言和文字有它本身的片面性。

同时，我们听了越多人的描述，我们对博物馆的认识才越充分。

可见，即使书的作者非常认真地在表达某个知识概念，我们也不可能理解到这个概念的全部内涵。我们需要通过阅读许多作者对同一个知识的解读，之后才可能对目标知识的记忆变得全面和深刻。

所以，如果想对任何一个领域的知识充分掌握，一定要阅读这个领域的多本权威书籍。每次阅读新的书籍，都是对原有知识的复习。而且，这样的学习过程也可以有效改善复习的枯燥性。

5. 交流与讨论

为了进一步让知识成长，接下来介绍一种有趣的记忆方法：交流表达。

当我们开始将脑中记住的知识用于表达时，我们对知识的记忆程度又加深了一步。就像词汇的等级一样。阅读词汇是指看见就认识的词语，口语词汇是指可以用于交流表达的词语，而且口语词汇是更高级的词汇，因为可以用于表达的知识是记得更深刻的。

因此，我们可以找到与自己有共同兴趣和爱好的伙伴，相互交流和研讨知识。这将是不同的知识体系之间的碰撞和互动，对于目标知识的累积将有神奇的作用。

6. 实践

实践是更深入地帮助我们记住目标知识的方法。有一个伙伴曾感慨地说："我以前在学校英语一直学不好，现在工作中要和外国人进行贸易，才让我真正把英语学好了。"

可见，实践是记忆知识的动力，实践也是检验记忆效果的好方法。

7. 教授

最后我想介绍的记忆方法是，教授知识。

俗话说，教学相长。的确如此。如果想牢记一个领域的知识，最好的方法是用自己知道的知识去教会更多人。教授知识的过程，让学习和记忆变得更有使命感和责任感，同时，教授他人的过程也会让我们对知识的理解更加深入。

举个例子，同样教数学，理解越深刻的老师，可以教得越深入浅出，并能针对不同的学生，施予不同的教学方法。这些都是由我们对知识的理解和掌握的深浅程度决定的。

总结一下，每个阶段的记忆方法都可以用，而且最好是合理综合地运用。期待大家从机械化记忆开始启动，将知识一直学到可以"传道、授业、解惑"。帮助自己，也帮助更多人。

这时，记忆已不再是问题。

第九章 思维导图与亲子时光

亲子互动对于家庭而言，是十分重要的内容。如何才能让孩子也潜移默化地感受到思维工具的价值，并用好的方法提升自己的学习能力呢？这是很多父母关心的话题。

这一章有四个部分的内容。第一节的思维发散游戏是孩子的逻辑思维入门训练；第二节的故事分析法是亲子阅读的最好起步方式；第三节我们会侧重讲如何

第九章 思维导图与亲子时光

用思维导图来分析中小学各科教材，让孩子的复习和预习都能轻松实现；最后一节将介绍学习目标和计划设定的思维导图模型，它有助于引导父母和孩子进行共同讨论。

第一节　思维联想游戏

思维导图是锻炼发散性思维的好工具。当孩子从小就熟悉如何进行各种思维联想，而不是只懂得线性思考时，他们将有更好的创造力。

一、联想游戏的价值

1. 提升创造力

"凡事都有三种以上解决方法。"这就是善用发散性思维的好处。

我们通过思维导图带领孩子一起玩"思维联想"的游戏，可以释放他们的创造力，养成多角度看问题的习惯。

有一种说法是，"创造力就是创造性解决问题的能力"。

2. 增进亲子交流

父母引导孩子思考，是一件不容易的事情。但以游戏为载体，父母与孩子之间就能有效地进行思维互动。

3. 认识思维导图

从孩子小的时候开始(3岁以后)，我们就可以与他们玩这种"思维联想游戏"。整张思维导图可以没有文字，只有色彩鲜艳的简笔画，这样孩子可以一边玩游戏，一边认识思维导图这个工具。

二、游戏举例

1. 用途创造

上图是关于"回形针用途"的联想思维导图。

我们可以从四个方向进行联想。首先是"常规"用途方向：夹文件、做书签、夹头发、夹领带、给塑料袋封口；然后是"非常规"用途方向：做项链、做耳环、做导电工具、做天平砝码、做拉链扣等；接着如果我们将回形针进行"变形"，它可以用来做鱼钩、当牙签、做成戒指、用来开锁、打耳洞，还能作为手机取卡器；最后我们将多个回形针联合使用，还可以融化变成硬币，做成铁艺展品，或者用来挂窗帘。

通过这个经典的思维训练案例，我们会发现生活中有很多可以创造的事物。孩子也会更乐于思考了。比如，"玻璃杯的用途""一张白纸的用途"等联想游戏，我们都可以与孩子一起一边画思维导图，一边进行发散思考。

2. 类型联想

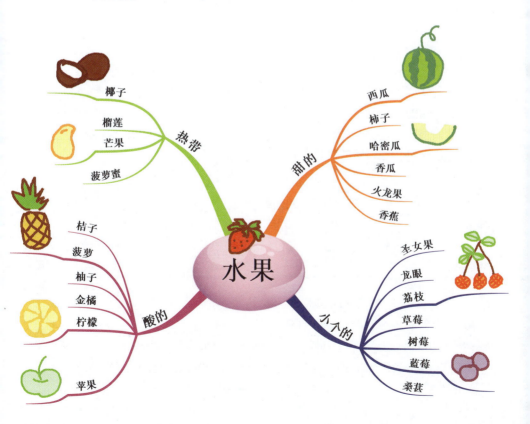

这张思维导图是关于"水果类型"的发散联想游戏。

比如,"甜的"水果有哪些,我们可以想到西瓜、香蕉、柿子、哈密瓜、香瓜和火龙果;"酸的"水果有哪些,有苹果、柠檬、金桔、柚子、菠萝和桔子等;那么"热带"水果有哪些,有椰子、榴莲、芒果和菠萝蜜等;从大小的角度思考,"小个的"水果有哪些,圣女果、龙眼、荔枝、草莓、树莓、蓝莓和桑葚。

我们可以不断地探索思路,找到我们日常中熟悉的各种水果,而且可以借此让孩子了解很多关于水果的知识。除了"水果类型"联想,我们还可以进行"蔬菜类型"联想,"交通工具类型"联想,"职业类型"联想,"儿歌"联想,等等。

3. 主题词联想

通过对"桔子"的主题联想,孩子将学会围绕一个主题,搜索相关信息。

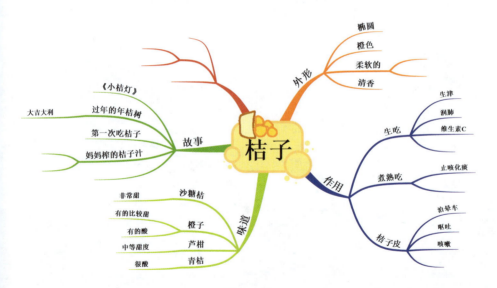

比如,从桔子的"外形"联想到:椭圆、橙色、柔软的、清香;从桔子的"作用"发散出:生吃,可以生津、润肺、补充维生素C,煮熟吃,可以止咳化痰,桔子皮可以治晕车、止吐、止咳;通过桔子的"味道"进一步想到:沙糖桔非常甜,橙子有的酸有的甜,芦柑是中等甜度,还有青桔很酸;关于桔子的"故事",能想到:《小桔灯》的课文、有一年家中的年桔树、第一次吃桔子的情形和关于

妈妈榨橘子汁的故事……

主题词联想的范围更广。我们可以用任意主题词作为游戏的中心词，然后开始发散联想，比如，"妈妈""跳舞""恐龙""冰淇淋"等词语。这样的思维导图游戏，既锻炼了孩子的想象能力和思维逻辑性，又有利于他们日后的写作。

三、小结

1. 创造力是快乐之源

父母与孩子一起探索和讨论，一起激发联想，是很美好快乐的过程。

通过思维导图联想游戏，孩子可以激发自己的创造力。同时发现，每个关键点都可以释放出许多的信息，思路可以非常宽广。

2. 发散性思维模式开启思维潜能

"举一反三"，"牵一发动全局"，"以点带面"，这都是发散思维模式的特点。孩子在游戏的过程中，体验立体的思维，从而潜移默化地开启自己思维的潜能。

第二节　故事分析图

良好的思维能力，对孩子一生的发展都很有帮助的。那么，如何锻炼他们的逻辑思维能力呢？其中一个推荐的方法就是：从"故事分析图"开始。

这个建议针对 10 岁以上的孩子。因为 10 岁是孩子逻辑思维完成基本建构的时间。（10 岁以下的孩子，可以更多地通过亲子讲故事的方式互动。）

一、价值盘点

1. 建立自信和培养兴趣

对于孩子的学习引导，关键是培养快乐的感觉，进度很慢也没关系。

所以，从小篇幅的故事开始分析，孩子会发现绘图很简单。这样，每次成功的实践都会增加他们对自己画思维导图的兴趣和信心。

2. 训练逻辑思维

孩子如果能对一大堆文字进行梳理，能开始思考"重点词语在哪里？""文字的内涵是什么？""这篇故事可以分成几个意思？"这样的问题，就是逻辑思维训练的开始。

3. 训练阅读能力

当孩子发现自己可以从故事的阅读中找到"金子"，能够将故事的"精华"为自己所用的时候，阅读就自然变成了他的一个获得知识和信息的途径。

4. 提升写作能力

"熟读唐诗三百首，不会作诗也会吟"。是的，大量的故事和美文分析，将

为孩子的写作打下基础。在分析的过程中，孩子会找到语感，并体会到作者是如何通过文字来表达想法的。

二、实操案例

1.《青蛙王子》思维导图

这个故事比较短小，很方便孩子的阅读。父母可以与孩子一边看故事的内容，一边画出关键词；也可以先通读故事之后，再一起找关键词。

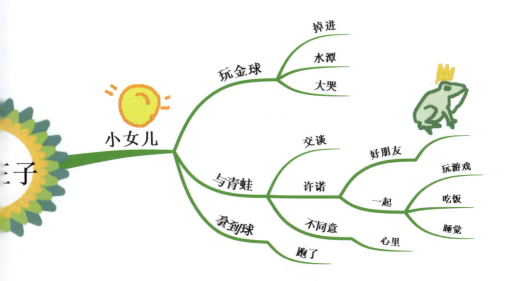

上图将《青蛙王子》这个故事分为三个部分：第一天，小女儿的玩耍；第二天，青蛙来访；第三天，幸福的结局。

2.《海的女儿》思维导图

《海的女儿》也是一篇著名的童话故事。故事的篇幅较长,适合年龄稍大的孩子阅读。

在分析的时候,我们应尊重孩子的阅读速度和理解能力,让孩子自己选择关键词。这样他们阅读的过程中就有较少的依赖,更多的自信。

如果经过一年时间,孩子已经可以娴熟地独立进行故事分析,并能清晰复述思维导图的内容,我们就可以让他们进一步扩大阅读的范围。除了分析故事,

思维导图：

- 身份高贵
- 管理家务
- 3.十五岁
  - 大船
    - 暴风雨
    - 沉没
    - 跳舞
    - 救王子
    - 想念王子
  - 奶奶说
    - 相爱
      - 能得到
      - 灵魂
        - 不灭
  - 找巫婆
    - 痛
    - 像刀割
    - 走路
    - 失去声音
    - 得不到
    - 真爱
    - 就要死
  - 变成人
    - 进入
    - 王子
      - 没念头
      - 娶她
    - 皇宫
    - 王子结婚
    - 父母之命
    - 姐姐
      - 来救她
      - 给刀
  - 变成泡沫
    - 天空的女儿
      - 善行后
      - 灵魂
        - 不灭
        - 自己创作
      - 300年

还可以分析其他感兴趣的文章，比如，科普类文章、散文、议论文等。

同时，请不要只让孩子阅读教科书上的文章，这会限制他们的视野；也不要刚开始就从分析课内文章入手，这会给孩子绘制思维导图带来压力和约束感。

所以，课外故事更适合初期亲子阅读，分析的过程也可以更自由、自主。

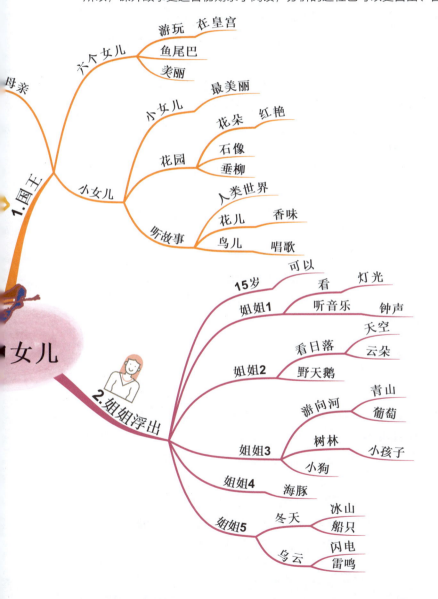

三、绘制指导

第一步：先画中心图。

如果孩子年龄较小，而故事相对较长，我们可以一张图分析一篇故事。这时中心图和中心词语就围绕一篇故事来设计。

如果孩子分析能力较强，且故事相对较短，我们可以一张图分析三篇左右的故事。一个主干，分析一篇故事。中心图可以随心设计。

第二步：标出关键词。

一边阅读，我们可以一边用铅笔在关键词下面画上小横线。

这样在完成故事阅读时，我们就会找到许多画着"小横线"的关键词。然后，我们可以把注意力集中在找的关键词上，并对它们进行分类和整理。

第三步：制作思维导图。

经过对关键词的分析，我们把关键词分成几个部分，然后分别在每个部分的主干下记录上关键词。

思维导图需要"线线相通，字在线上"。孩子在多次绘图之后，可以掌握这个绘制要领。

第四步：回顾与复述。

完成分析图之后，我们可以带领孩子回顾整张图，并邀请孩子向我们复述图中的故事内容。复述的过程既可以帮助孩子梳理整个故事的思路，也是对语言表达能力的一个锻炼。

四、小结

1. 自由绘制是关键

思维导图的核心理念就是"注重个性，而没有唯一标准答案"。所以，尤其是在孩子绘制故事分析图的过程中，父母给予更多的应是"理解和空间"。

我们努力去倾听孩子的思考："为什么你认为要分为三个部分？""为什么你感觉这个是关键词？"……而不是去对他的分析做对错的判定。

2. 量变到质变

思维能力的提升是一个"从量变到质变"的过程。

孩子刚开始分析时思路可能比较混乱，关键词找得也不太准确。遇到这种情况，建议父母给孩子多次的机会，让他们在不断的分析中自我修整。

因为孩子很可能在分析完 10 篇小故事之后，分析能力才逐步提升；然后，在独立分析完 30 篇小故事之后，分析归纳能力让我们感到欣喜。

总而言之，只要孩子对自己有信心，认为绘制思维导图很有趣，那么，随着分析数量的增加，语言组织能力会不断提升。

3. 鼓励与肯定

父母与老师是有区别的，老师可以给孩子很多直接的指导，但父母却很难做到让孩子听从言语要求。

所以，父母的角色更多的是陪伴和欣赏。

第三节　中小学课本导图

建议学生使用思维导图的时候采用手绘的方式。因为学生课本信息量较少，通过手绘思维导图就可以完成信息分析了。同时，手绘思维导图的优势是，可以随时绘制，携带方便。

这种方法尤其适用于中学生，因为他们的学业压力较大。当然，小学生也可以在大人的指导下，尝试分析自己的课本。

一、用思维导图分析课本的价值

1. 深层价值：独立思考与主动学习

用思维导图分析课本是一个独立开展的思维活动。在制作课本分析图的过程中，没有标准答案和规定内容，全部是制作者独立创造的过程。这有利于学生的独立思考，提高学习效率，增强学习的积极性。

2. 直接价值：提升预习与复习的效率

在预习的时候，通过思维导图绘制可以在两个小时左右将一个学期的课本通览。这既能激发学习欲望和好奇心，也能快速了解新学期课本的全貌。

在复习的时候，制作思维导图可以帮助学生整理一学期的知识记忆，也非常便于后期的回顾。

二、案例图示

1. 数学书

这是一本《数学》课本的分析图。

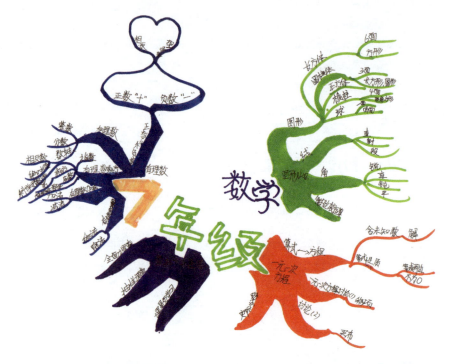

数学课本的知识结构整理,在所有的课本分析中是最简单的。因为数学的知识点较少,逻辑也很清晰。但理科课本分析只是理科学习的第一步,我们需要进一步通过做题和实践来熟练应用知识。

2. 生物课本

这是一本高中《生物》课本分析图(绘者名:郑美玲)。一共包括六个部分:组成细胞的分子、细胞的基本结构、细胞的生命历程、细胞的能量供应和利用、细胞的物质输入和输出、走进细胞。

使用思维导图做理科课本的分析,有利于课本的知识点融会贯通。所以,我们可以尝试做一次几年课本的汇总分析。比如,将初中三年或高中三年的物理或生物课本的知识点,整合在一张思维导图中。

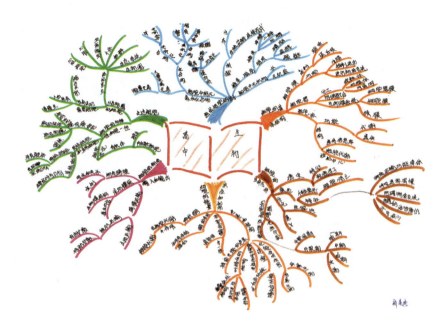

3. 思想品德课本

思维导图应用在文科上,对成绩的提升帮助很大,我们可以快速梳理知识点,并背诵下来。

上页图是一个小学生分析的《思想品德》课本的思维导图。这本书一共有四个部分,分别是:朋友遍天下、交往艺术新思维、师友结伴同行和相亲相爱一家人。他将自己的绘画能力与课本的知识在思维导图中有机融合,把复习变成了一次有趣的艺术创作。

4. 语文课本

下图是一位四年级同学(绘者名:陈子镛)的作品。画的是他的语文课本中的一篇文章——叶圣陶先生的《爬山虎的脚》。整张图结构清晰、主干明确,同时还添加了许多创意插图来形象地呈现他理解的文章要点。可以看到陈子镛同学对文章的深入解读和再创造过程。

他将文章分成五个部分:地点、叶子、爬山虎的脚、生长过程和变化。通过思维导图分析课文,他最大的感受是:"课文看起来不复杂了,看起来很简单,容易背下来。"

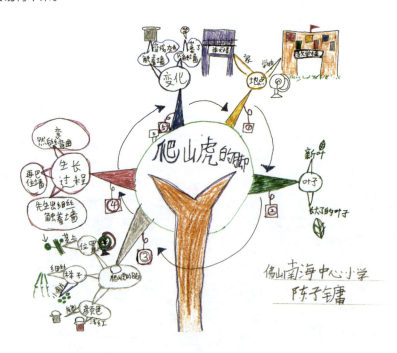

三、制作方法

建议一本课本一张思维导图，使用 A3 纸（两张 A4 纸合起来的大小）进行分析。对于信息量较大的中学历史和化学课本，可以半本书绘制一张思维导图，分为两张图完成。具体分为四个步骤。

第一步：搭建框架。

就是将全书的目录分析整理作为一层主干，然后再将所有标题整理绘制，作为思维导图的下级分支。在这个过程中，我们可以对目录和标题做适当的综合。

第二步：找关键词。

找关键词就是将课本中的知识点提炼出来，呈现在思维导图中。

如果遇到一整段需要记忆的信息，请简练提取关键词之后标注上内容的页码。这既达到了激发回忆和帮助检索的效果，也提升了作图效率。

第三步：背诵。

背诵对于学生课本分析是关键步骤，也是拿到最终成果的步骤。

考试大部分内容都来自于知识的背诵，并非来自独立思考和创造性发挥，所以背诵课本的思维导图变得很重要。

背诵的方法很多，核心理念就是趣味联想。记忆技巧详见第八章。

第四步：默画。

默画就是在完成思维导图背诵之后，将所有内容重新画在一张新的白纸上。

在这个过程中，我们将对课本的所有知识的关联性有更深的认识，也可以灵活地在知识点之间变通和思考。这对应试和做题都有很大帮助。

补充建议：根据不同的需求发起作图。

我们在完成全书的知识点分析图之后，还可以绘制课本的特色思维导图。比如，将课本中所有难点绘制在一张思维导图中；将某个知识点之间的关联跨章节分析；或者将几本课本中的知识进行统一梳理；等等。

四、要点回顾

1. 独立完成

思维导图的绘制需要独立思考和提炼关键词。

他人帮助思考或提炼，或者模仿他人已经完成的思维导图，都是无法取得良好的学习效果的做法。

思维导图的魔力就在你独立完成思维导图绘制的过程中出现。因为分析思考和关键知识的提炼过程，就是大脑知识活化的过程，也是让思维导图成为你的记忆激发点的过程。

2. 2~4 小时内完成

一口气完成课本思维导图很重要。

请不要拖沓，不要半途而废。一本书一张图，一气呵成，才能体现思维导图的统筹作用。所以，请制订时间计划，努力在 2~4 小时完成一本书的分析。

3. 背诵

背诵是课本分析的必经步骤。

第四节　学习目标与计划

这节我们一起来讲讲关于"学习目标与计划"的话题。对于在校读书的学生，学习几乎是生活的全部内容。所以，如何改善学习时间管理方法，有效制订学习计划，就成为至关重要的事情。

但我时常发现，很多同学都是"埋头苦干"的类型。他们每天只是被动地让老师推着走，很少有主动"抬头问路"的意识。虽然每天都在学习，但学习的意愿度极低，懒得思考："我学习的目标是什么？""我的学习方法哪里需要改进？""我的学习弱点在哪里？"

一、价值

在学期开始的时候，亲子共同制订有效的"学习目标和计划"，对我们有什么价值？

1. 亲子互动

通过对学习目标和计划的探讨，父母与孩子都可以进一步相互了解。父母可以知道孩子的学习问题和学习状态，并有针对性地给予支持和建议；孩子也会在坦诚沟通的过程中，了解父母的想法，探讨如何共同面对学习压力。

2. 自我分析与规划

制作"学习目标与计划"的思维导图，是一个孩子进行自我分析的过程。当我们将所有学科都梳理一遍时，孩子将更好地建立学习的大局观。同时，亲子还可以一起思考如何实现平衡的学习时间分配方案。

二、"目标与计划"模型

我们把学习计划分为总目标、主科目标与次主科目标进行分析。（这种方法更适合三年级以上孩子使用。）

分析顺序是，先做总体目标思考，再根据科目的重要程度一次思考各科目标。具体每个科目的分析过程包括三大部分。

首先，总结上学期情况："成绩和名次"大概是多少？对自己上学期的成果的满意度是多少？（从 0 到 10 选择一个数字，给自己打分。其中，0 的意思是非常不满意，10 的意思是十分满意。）

然后，对这学期的目标进行思考：期待的"分数和名次"是多少？认为自己通过努力，能实现目标的可能性是多少？（从 0 到 10 选择一个数字来定义，按照自己正常的努力，实现目标的可能性。其中，0 代表自认为完全没有可能，10 代表自己觉得肯定能做到，有十足把握。）

最后，写出自己在这个学科的"优势"和"遇到的挑战"，并根据"挑战"制订自己的学习对策。

"学习目标与计划"思维导图如下页图所示。

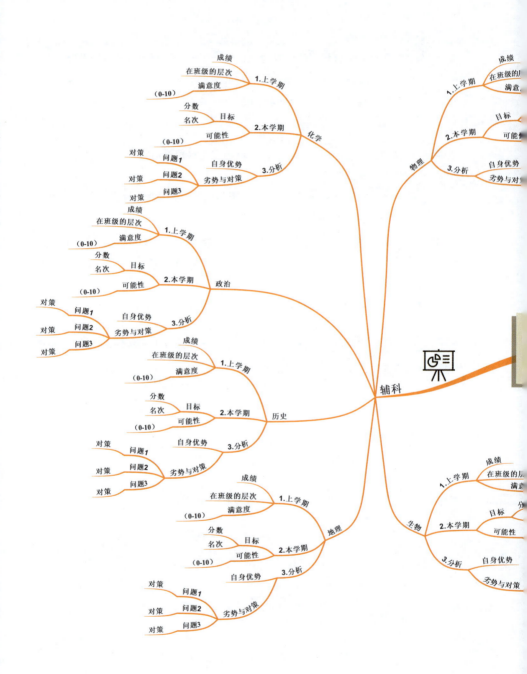

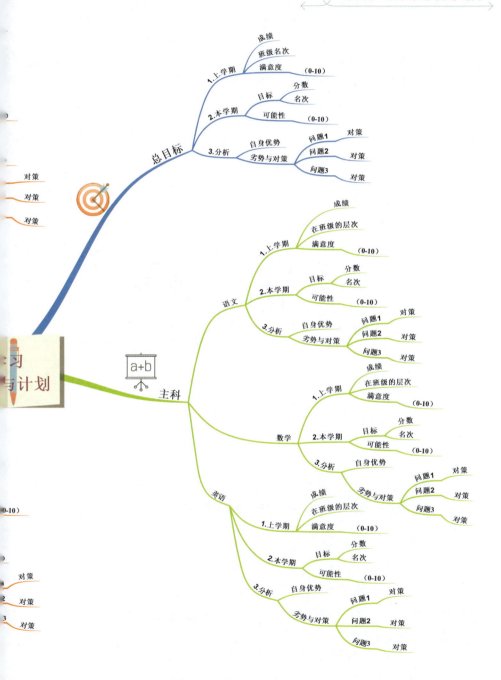

三、案例分析

我们把"语文"这个科目拿出来,一起分析一下,如下图所示。

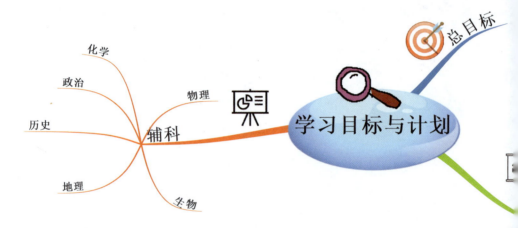

在分析"语文"这个科目的过程中,我们先对上学期进行回顾:上学期语文大约在全班 30 名的位置,70 分,孩子对自己成绩的满意度是 5 分。可见,孩子认为上学期没有考好,成绩并不满意。

接着我们一起设定本学期的目标。分数目标是 90 分,希望提升到全班前 10 名的位置。孩子对这个目标实现的可能性打了 8 分,也就是,对目标的实现较有信心。

第三步是分析优势和挑战,并制订可行性对策。孩子认为自己学习语文的优势是:认真听课,并喜欢阅读。遇到的挑战是时间花得少,阅读理解和古文容易失分。

于是我们根据每个挑战制订了本学期的改进方案。增加学语文的时间的方法是:上课花时间做笔记,每次课后花 10 分钟复习,每天

第九章 思维导图与亲子时光

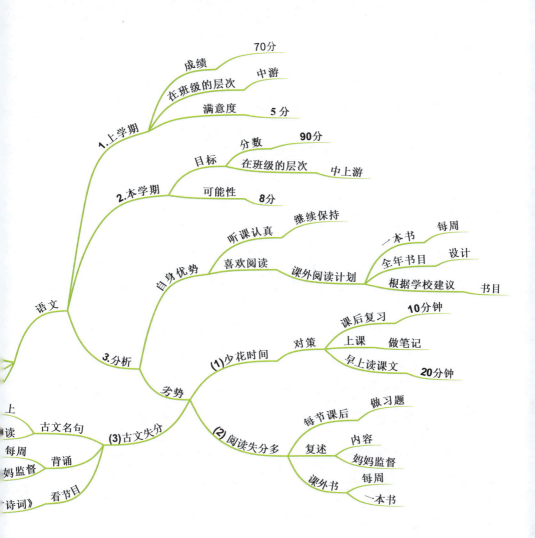

早读 20 分钟；提升阅读理解分数的对策是：每个星期阅读一本课外书，并讲给妈妈听，同时每节语文课后，认真完成阅读理解习题；提升古文得分率的办法有三个：每天早上安排时间阅读古文名句，每周将新学的古文背诵给妈妈听，同时定期收看《古诗词》相关节目。

这样我们就可以针对每个学科的特点，设计新学期的学习方式。在父母与孩子共同协商的情况下，计划更容易得到监督和执行。

四、制作指导

1. 手绘大纸

建议用多种颜色的圆珠笔制作"手绘思维导图"。可以一家人共同参与完成。

纸张最好用 A3 大小的白纸（也可以把两张 A4 白纸拼接在一起使用）。如果认为不够，还可以用两张 A3 白纸拼起来用。

2. 一次性完成

整张图最好一次性讨论完成，每个学科应限制在 15 分钟以内讨论完成。如果 15 分钟没有完成计划，可以先跳过，等全部科目讨论过一次之后，再回来深入分析。

可见，当我们要进行亲子讨论时，至少预留两小时左右的时间。一边讨论，一边绘图记录。

3. 保存

完成之后，我们要在图上中间的位置标上日期，以便日后回顾。同时，我们也可将这张融合集体智慧的"目标行动图"贴在房间，随时提醒我们。

4. 定期调整

"计划总赶不上变化"的意思是，计划是需要根据实际情况的变化进行适时调整的。所以，我们可以在"学期中"和"学期末"进行目标和计划的矫正，更好地让孩子的学习行动有心理方向。

第四部分
综合应用

第 十 章　图形记录技术与导图软件
第十一章　静心与思维导图

第十章 图形记录技术与导图软件

使用图形来记录信息,是我们常用的一种方法。它比简单地记录文字更灵活、内涵丰富。所以说,"一图胜万言"。

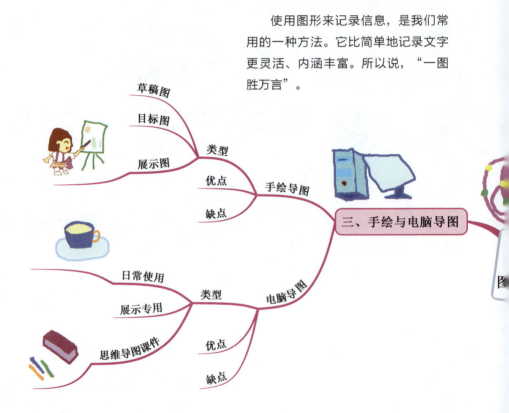

第十章　图形记录技术与导图软件

这章会通过各种图形记录的介绍，让我们了解这些方法的异同和作用，以便在生活中综合应用；同时，也会讲到手绘导图与电脑导图的区别，让我们可以灵活地更替使用；最后向大家简略介绍手机思维导图APP，开拓我们的视野。

第一节 低维图形记录技术

根据图形记录技术的复杂性,我们将它们分为低维图形技术和多维图形技术。在这一节的内容里,我们一起来梳理利用面积和坐标来记录信息的几个图形技术例子。

其中利用面积关系的图形技术最直观。因为它们是用图形所占据的面积大小来表达信息的关系,而利用坐标关系的图形技术最常用。其中一个例子就是表格。

一、利用面积关系记录信息

1. 地图

地图是我们最初使用的一种图形记录技术。我们将看到的实物信息通过各种图形,在白纸上构建同比例的画面。让我们将现实世界的位置关系在纸上进行记录,传达各种信息。

其中,表达简单地点位置的是"平面地图";使用不同颜色圈层表示的是"地形图";加上行走箭头的地图变成"路线图";表示天空云层运动的有"气象图"……

2. 布局图

布局图是在地图的基础上抽象出来的一种图形技术。它沿用了地图的面积表示法,但可能不再用于代表实质性的自然物品位置关系,而用来表达事物之间的总分关系。

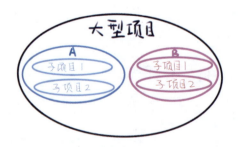

这是一个表达项目之间从属关系的布局图。我们通过面积的大小和层次,可以清晰地看到"大型项目""A、B项目"与它们的两个"子项目"之间的关系。

3. 饼图和环形图

饼状图就是将所有信息之间的关系表达限于一个圆形之内。哪部分信息占的比重大，它就在饼状图中分得更大的份额；哪部分信息占比较小，它在图中的扇形幅度也较小。饼图通过这样的扇形面积大小关系，表达信息之间的相对份额。

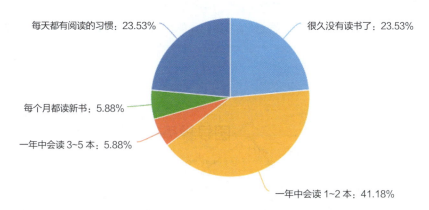

上面这张饼状图来自一个关于阅读习惯的调查。

从图中我们可以看到，一共五种情形，其中"很久没有读书了"的人占23.53%；"一年中会读1~2本"的人占41.18%；"一年中会读3~5本"的有5.88%；"每个月都会读新书"的有5.88%；最后，有23.53%的受访者"每天都有阅读的习惯"。

接下来还有环形图，它就是镂空了的饼图。它是通过圆环的面积占比状态来表达信息之间的相对关系。同时，环形图相对饼图而言有一个优点，那就是可以嵌套。我们可以将有相关要素的多个环形图嵌套在一起，表达更丰富的相对关系。

如上图所示，我们看到这是由两个环形结构组成的图形。它分别表达了a、b、c、d四个元素的两层关系。在内圈关系中：a占8，b占12，c占6，d占9；在外圈关系中：a占6，b占8，c占14，d占20。

4. 雷达图

这个图形是通过不同信息的点和圆心距离的连线，来表达各个信息组成的面积的布局特点。雷达图由许多从圆心发散出来的点的连线组成。点与圆心的距离越远，说明这个要素的数值越大；距离越近，则说明这个要素的数值较小。

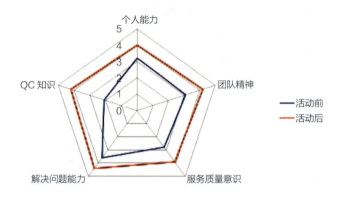

从这一张雷达图我们可以看到，它表达的是一个人参加活动之前和之后的各项能力组成的面积的变化情况。

参加活动前，个人能力、团队精神、服务质量意识、解决问题能力和QC知识的掌握都较低，尤其是QC知识的线段，在1左右。所以组成的面积较小，而且图形有缺角。

而参加活动之后，各项指标都平衡提升。其中，提升幅度最大的是QC知识，提升了2分。同时，形成了一个更大且均衡的面积。

二、利用平面坐标关系记录信息

1. 条形图

条形图可以表示单独一个元素变化过程的二维关系，也可以表示多个元素协同变化的二维关系。总体来说，条形图表达的信息多为平均值，因为信息都是呈阶梯式变化的。比如，不同年度的楼价比较图，各班孩子的期末成绩比较图，等等。

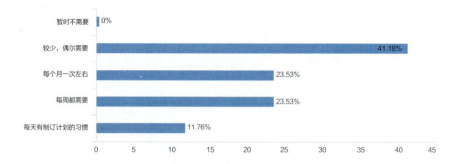

上图对受访群体的日常计划习惯进行了调查。条形图中显示，受访者中只有 11.76%"每天有制订计划的习惯"；23.53% 的人"每周有制订计划的需要"；"每个月需要做一次计划"的受访者也有 23.53%；其中最大多数的受访者（41.18%）很少需要制订计划。

2. 折线图

折线图是在平面坐标系中，通过将不同阶段的数值断点联通来表达事物变化过程的一种图形，在日常生活和工作中非常常见。比如，股市分析图、心跳图、音频分析图和气温变化图等。

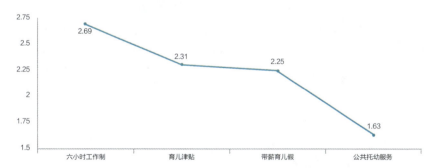

上图是关于婴幼儿母亲对四种公共政策的需求迫切性的调查结果。经过对每位被访母亲的重要性排序进行统计可知，需求最迫切的政策是"六小时工作制"，它的平均综合得分最高，为 2.69 分；其次是"育儿津贴"和"带薪育儿假"；需求迫切度最低的是"公共托幼服务"，它仅获得 1.63 分的平均综合分数。

3. 甘特图

甘特图多用于生产管理和项目管理。它是通过阶梯型的线段，在时间坐标系中表达相对进度关系。甘特图应用广泛，是以提出者亨利·L.甘特先生的名字命名的。

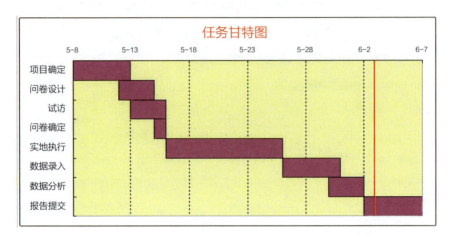

上图就是一张任务甘特图。它描述了项目确定、问卷设计、试访、问卷确定、实地执行、数据录入、数据分析和报告提交的八个阶段性任务的时间进度关系。这张图的时间跨度是从5月8日至6月7日。

4. 曲线图

这个图形记录技术我们也很熟悉，因为这就是数学课本中常常用来做分析的一种工具。不管是指数曲线、椭圆曲线还是正态分布曲线，都属于曲线图。虽然在过去学习的时候，感觉颇有压力，但其实它们都很准确地呈现了许多现象和规律。

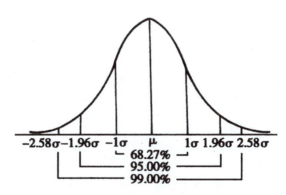

上页图是一个正态分布曲线图。它广泛应用于抽样统计分析，医学标准参考值和产品生产质量控制等领域。比如，孩子成长发育的身高也有正态分布的特点。

5. 九宫格

这种图形记录技术最近很受热捧，又称为"纵横图"或"幻方"。它表达的是九个信息之间的关系。可以是总分关系，也可以是横向或者纵向的排列组合。

如上图所示，我们日常用的手机输入界面，也是九宫格的其中一个应用。我们在九个格子中依次分配一个数字，组成我们打电话拨号界面；然后又依次分配若干个英文字母，组成我们中英文打字的界面。

	6	2			5			
3	5							7
		8		1	5		4	
				6		9		8
9						2		
	2	5		9				
5				3		7		
	8						5	6
		9				8		4

上图也是九宫格的一个体现。九宫格最早可以追溯到中国古代的"河书洛图"，它就是数学中的三阶魔方，之后又发展为大众津津乐道的数字游戏。

简单九宫格的游戏规则是：1至9九个数字，横竖都有3个格，思考怎么使每行、每列两个对角线上的三数之和都等于15。它可以用于锻炼大脑的逻辑推理能力。

6. 表格

接着我们来说说神奇的表格，这是一种强大的二维工整的图形记录技术。它可以让大量的文字信息以一种非常严谨的对应逻辑关系进行排列。

我们可以使用表格进行大量信息的梳理和整合，这是生活和工作中最常用的一种信息整理技术。同时，这样的记录方式既省去我们大量的文字表述，又让信息之间的两两对应关系一目了然，而且信息承载能力巨大。

7. 质量屋

质量屋是现代项目质量管理的重要工具。它是质量功能配置（QFD）的核心，是一种用于确定顾客需求和相应产品或服务性能之间联系的图示方法。它起源于日本，在美国得到发展，并广泛应用于全球。

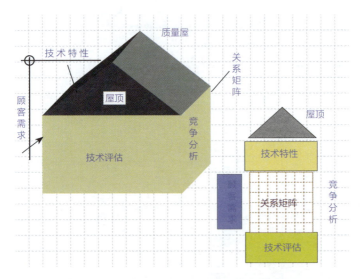

如上图所示，它的基本元素是：左墙——顾客需求及其重要程度；天花板——工程措施（设计要求或质量特性）；房间——关系矩阵；地板——工程措施的指标及其重要程度；屋顶——相关矩阵；右墙——市场竞争力评估矩阵；地下室——技术竞争能力评估矩阵。下面这张表格就是质量屋的实际应用图例。

交互影响									
⊕ 强正相关 + 一般正相关 − 一般负相关 ⊖ 强负相关									

用户要求	工程措施	重要度	铅笔杆长度	书写行数	颗粒掉落数	外形截面	本公司（现在）	甲公司（现在）	乙公司（现在）	本公司目标
易于捏住		3	◎			◎	4	5	3	4
不弄脏纸张		4			◎		5	4	5	5
笔尖耐久		5	○	○			4	5	3	5
不易滚落		2		○		◎	3	3	3	5
技术评估	本公司		120	55	10	70%	7角	9角	8角	8角	市场价
	甲公司		120	80	12	80%	8%	40%	35%	20%	市场额
	乙公司		110	40	7	60%	8分	1.5角	1角	2角	利润
目标值	本公司		125	100	7	80%				
技术难度 L低5: 高			1	4	5	1				
技术重要性			54	50	42	48				

级别图例
◎ 9 ○ 3 △ 1

综上所述，质量屋是一种升级版的特色表格。它将表格的二维对应关系在质量管理的逻辑之下充分利用。

三、小结

通过这节的描述我们会发现，图形记录技术其实是一种大家很熟悉的高效工作方式。我们如果可以合理地借助图形的面积和坐标系来表达信息，就能节省大量的描述性文字，让图像与文字有机地结合在一起。

同时，低维图形技术案例广泛，包括但不仅限于我们上面介绍的内容。期待大家不断地探索和挖掘。

第二节　多维图形记录技术

一、流程图：时间逻辑

流程图的一个核心逻辑就是时间的定向流动。我们将事情发生的步骤与时间进行整合，形成一个事件流。它主要用于项目的执行说明，让我们可以清楚多个执行路径的步骤。

右图是一幅表达家庭装修的流程图。图中描述了客户从"洽谈"到"结款"的整个过程，包括七个环节。同时还呈现了两个可能的问题循环，一个是在"洽谈"环节的客户不满意，一个是在"验收"环节的客户不满意。

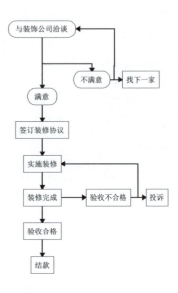

通过箭头将流程的要素按顺序排列，让我们很清楚每个行动环节和它们之间的关系，有的是并列，有的是递进。

二、鱼骨图：总分逻辑

很多时候我们会使用鱼骨图进行问题的原因探索。我们将一个问题分解成多个原因类别，然后用所有要素推导出一个结果。

鱼骨图的基本结构是：中间为主骨，推导出结果；上下各有多个原因类别来辅助思考和分析；同时，每个原因类别都可以分解为一层原因、二层原因和三层原因。

其中，最常用的问题分析逻辑就是"材料因素""环境因素""人为因素""设备因素"和"方法因素"，如下图所示。

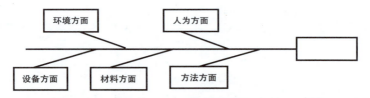

举例来说，我们可以用这个常用问题逻辑的鱼骨图来分析"眼睛近视的原因"。其中，在引起近视的人为因素分析过程中，我们能想到的要点可以包括：常盯着屏幕，常揉眼睛，先天近视或意外伤害，等等。

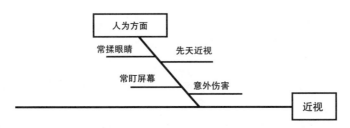

然后,根据鱼骨图的结构,我们逐步分析出各个方面的促成近视的原因,形成一张丰富的原因推导图,具体如下图所示。

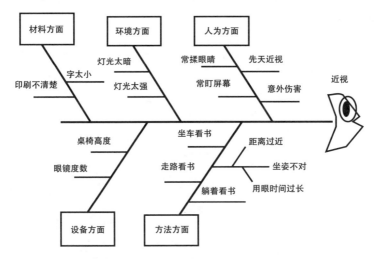

从上图可知,通过系统的分析,我们得出以下的信息。

(1)从材料方面思考,引起近视的原因是:印刷不清楚和字太小。

(2)从环境方面思考,原因是:灯光太暗或灯光太强。

(3)从人为方面分析,原因是:经常揉眼睛,经常盯着屏幕,先天近视或意外伤害。

(4)从设备方面,原因是:眼镜度数和桌椅高度。

(5)从方法角度分析,因素有:坐车看书,走路看书,躺着看书,距离过近,坐姿不对或用眼时间过长。

然后,根据我们的实际情况,对有可能影响视力的要素进行调节。

三、系统循环图：因果逻辑

丹尼斯·舍伍德在他的《系统思考》一书中，详细地讲解了因果图的原理、绘制方法和应用案例。其中，因果图是将事件通过 R 回路（增强回路）和 B 回路（调节回路）两种逻辑进行串联分析的工具。我们通过系统思考的方式，可以将大量事件的因果关系系统分析。

这种方法会帮助我们思考应该做什么，如何做更好。

我们通过分析所有要素之间的推动关系（哪些是增强作用的，哪些是调节作用的），得到一个推理思路，让各个要素之间的互动关系清晰地呈现，便于思考和决策。下面举例说明。

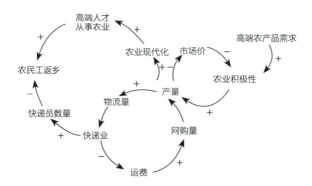

上图中描述了农产品市场发展与农民工流向之间的关系。当高端农产品需求上升时，推动农户积极性，促进产量提升。而且，产量提升会同时推动物流行业和农业现代化的发展，使得从事快递行业和从事新兴农业的人数都进一步增加。通过这张图，我们会发现城市快递行业的发展促使农民工留在城市，而新兴农业的发展则会增加农民工选择返乡的可能性。

四、概念图

概念图是基于 Ausubel 的学习理论的图形技术。它是一种用结点代表概念，用连线代表概念间关系的图示法。概念图主要用于学习知识和研究科学概念。其优点是，将所有的概念要点进行规整和梳理，使概念要点之间形成清晰的相互关系。下面举例说明。

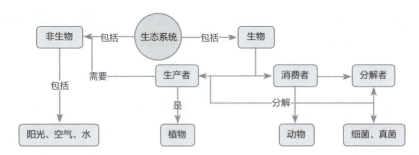

上图是一张生物方面的概念图，讲的是"生态系统"的各个概念之间的逻辑关系。

比如，"生态系统"的两大分类是"生物"和"非生物"；"非生物"指的是"阳光、空气、水"；"生物"包括"生产者""消费者""分解者"这三个概念。然后进一步讲到"生产者"指的是"植物"；"消费者"指的是"动物"；"分解者"主要是"细菌、真菌"。

总结可知，概念图可以帮助我们学习新的知识要点，并形成互动网络。同时，一定是自己动手做出来的概念图，记忆更有帮助。

五、思维导图：相关性逻辑

把思维导图放在最后介绍，一方面是一种仪式性（因为我们这本书的主题是思维导图），另一方面是因为思维导图的个性特质。思维导图与其他图形技术的一个很大区别是：它更灵活、包容和具有艺术性。

思维导图的灵活体现在：手绘思维导图的线条柔和自然，信息可以自由地散布在整张白纸上。

包容体现在：它的关键词没有特质性的标签，所以内容和表达方式都可以包罗万象。

最后，它的艺术性则主要体现在：我们可以用五彩缤纷的颜色装扮分支，用各种插图和绘画来表达意思（整张图没有文字也是可以的，这更激发右脑的创造力）。

六、小结

1. 图形技术博大精深

上面两节中介绍的图形技术，只是人们实际运用的图形技术中的一小部分，我们还有很多图形技术是没有具体讨论到的，如散点图、亲和图、关联图、立体结构图、帕累托图等。

所以，值得学习的内容非常丰富而宽广，我们可以不断地深入探索。

2. 图形技术各有优势

每种图形技术都有自身的优势和缺陷。没有唯一最好的图形技术，只有最合适我们需求的图形技术。

3. 综合运用图形技术，才是成长之道

多方面了解图形技术，并不断在实际应用中尝试它们，会让我们得到很多的助力。所以，我们不需要拘泥于使用某几种方法，而是可以将多种图形技术综合创新地应用。

第三节　手绘导图与电脑导图

一、手绘思维导图

手绘思维导图是指，用纸和笔直接在纸上绘制的思维导图。这是使用思维导图最便捷的方式，也是训练绘制基本技能的方法。所以，建议大家准备一个空白笔记本，日常使用思维导图以手绘为主，电脑导图和手机软件为辅。

1. 分类

第一种：草稿图。

思维导图绘制得很美观固然很好，但这并不是日常使用思维导图的状态。我们日常使用导图是为了快速整理思路，记录信息和灵感。所以，很多时候画得比较简单。

可能草稿思维导图缺乏色彩和插图，但我们可以通过线条和关键词构建一个思维网络，已经初步达到高效地梳理信息的作用了。

而且有一个重要理念是，将思维导图记在心中是最终目的。所以，有时在图中没有很多的插图，并不意味着我们在大脑中没有丰富的画面。

第二种：目标图。

我们可以用思维导图绘制自己的目标体系，然后将这张图贴在显眼的位置，比如，书桌边的墙上、卧室的墙上、衣柜的门上等。

它可以是人生规划图，也就是，把现在的目标和20年之后的目标绘制在一起。也可以是近期活动安排计划，让自己的头脑有一个行动导航。

这样的图建议绘制得尽可能美观而有艺术感，在图中贴上梦想照片，也是很好的选择。

第三种：展示图。

用于展示的思维导图，也需要我们精心打造。因为其目的就是引起观众的兴趣和关注，激发新学者的爱好和热情。

尤其对于擅长美术绘画的伙伴来说，制作展示图对于他们就很得心应手。浪漫的色彩、灵动的线条和丰富的颜色能让思维导图上的信息活化起来。

2. 优点

（1）上手快。

学习思维导图我们需要从练习手绘开始。很多有一定领悟能力的伙伴，都可以通过自学，在很短时间学会画基础的思维导图。

（2）使用便利。

我们随身携带一个笔记本（最好是空白没有格子的）和笔，就可以绘制思维导图了。随时随地，我们打开笔记本，就能复习之前思考的内容或学习的知识。

（3）锻炼空间构图能力。

手绘思维导图的绘制技术会随着练习的增加而快速提升。

刚开始线条僵硬、构图不合理，或规则模糊，都会很快改善。然后，我们将可以善于构思与分支，均衡布局，拥有良好的全局感。

（4）有创作乐趣。

手绘思维导图也是一种解压的好方法。整个绘制过程和画画很像，我们在一张白纸上创作一个全新的结构，用上丰富的色彩和插图。

可见，手绘思维导图与心更近，更有创作乐趣。

3. 缺点

（1）不易保存。

纸张的保存是困难的。我们很容易将自己的手绘思维导图随处摆放，然后过了几个月，等想回看的时候却找不到了。

而且，很多纸张上的笔记，经过几年就会变得模糊，难以辨认。

（2）不易他人阅读。

每个人的手写体都有差异，所以他人阅读起来会比较费劲。

很多时候，别人拿着我们的手绘导图，都会发出赞叹的感言："画得好漂亮。"但其实，很少人会看明白上面写的内容。

（3）纸张限制。

纸张不能扩大，使得绘制手绘图的空间与构图变得很重要，而且记录的内容量也受到一定的限制。

所以，我们日常记录灵感，完全可以用手绘图；但如果要整理大量的信息，就建议使用电脑导图。

二、电脑思维导图

电脑思维导图是指借助电脑软件来完成思维导图的绘制。电脑思维导图软件的品类繁多，各有优势，我们可以选择自己喜欢的绘图软件来使用。

如果不确定哪个软件更合适，我们可以从网上找到许多使用者的评价，作为选择参考。或者尝试几款软件后，再选择适合自己的。

1. 作用分类

第一类：日常使用型。

就像平时使用手绘思维导图草稿一样，我们可以随时在电脑上完成思路的整理。这样的思维导图首先注重实用性，其次才是构图美观。

第二类：展示专用型。

思维导图软件可以制作美观的思维导图，比如加粗主干线条，改变字体大小和类型，变换分支色彩，添加各式美图，等等。

这样我们就能让自己的电脑思维导图作品显得更有可读性，也更利于传播。

第三类：思维导图课件。

思维导图软件可以制作成课件，在进行演讲和授课的时候使用。

这样的课件功能很强大。我们可以将几个甚至几十个思维导图链接在一起，也可以将这个课件与 Office 中的各种类型文件进行对接。比如，在思维导图上点开一个表格、一个网页、文档或 PPT。

为了提高课程展示的直观性，思维导图课件也需要尽可能制作得美观。

2. 优点

（1）直观整齐。

无须解释，我们就可以知道电脑版思维导图字体工整，线条平滑，方便他人阅读文字和内容。

（2）无限扩张。

电脑版思维导图没有空间限制，我们可以将每个分支充分地延展。同时，它对信息量也没有限制，我们可以将一本很厚的书进行分析和记录，而且能随时修改。我们在绘制思维导图的过程中，调整分支或删减内容都能轻松完成。

（3）易于存储。

思维导图文件可长久保存，它也不会像纸张上的思维导图那样老化或模糊。我们可以建立一个思维导图文件夹，定期进行管理。

同时，当我们准备将思维导图文件传递给他人的时候，工序也很简单。先导出图片，再通过 U 盘或邮件发送。

3. 缺点

（1）外形较死板。

使用电脑绘制的思维导图缺乏灵动感。手绘思维导图可以传递更多绘制者当时的信息，便于制作者回忆，而且线条可以更灵活和柔美。

（2）需携带电脑。

它对绘制思维导图的硬件有较高要求。我们需要随身带着电脑，同时找到附近可用的电源，才能放心地绘图。

（3）软件使用问题。

我们需要下载思维导图软件，并学会使用它。

第一步，下载软件就有可能遇到问题。因为很多电脑思维导图软件需要购买版权才能使用；如果没有购买软件，会在试用期结束之后无法正常修改。

第二步，学习软件操作。操作其实非常容易，但有时我们如果没有下载汉化版本，就需要面对全英文的软件界面。这将对部分伙伴的使用造成小障碍。

三、小结

对于初学者，建议大家直接手绘思维导图。一方面可以熟悉思维导图的应用，另一方面也锻炼了基本功。

对于熟练使用者，建议安装思维导图软件，这样在处理大量信息的时候使用电脑软件。

第十一章 静心与思维导图

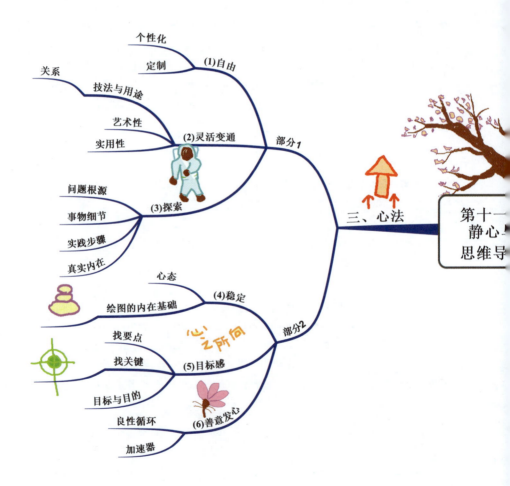

第十一章 静心与思维导图

在书的最后一章，我们一起来从心灵的角度解读一下思维导图。首先，来探讨一下，如何使用图形技术和思维导图来帮助我们进行问题的解决；接着从静心、冥想和身体的角度讲讲提升思维导图能力的方法；最后一节，我们一起来总结一下思维导图的使用心法。

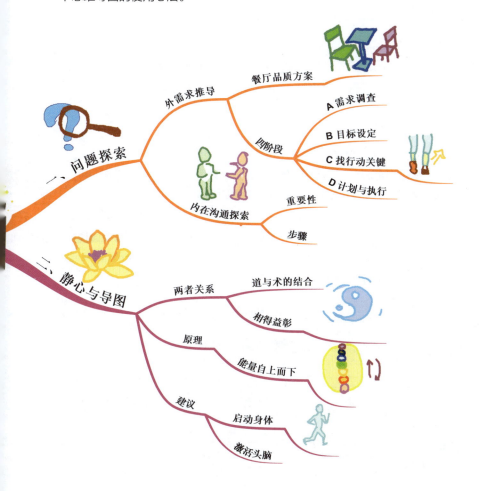

第一节　问题解决思维导图

问题解决有两个方向，一是根据外在需求，推导方案；二是根据内在自我，探索目标和方案。第一种方式较为显性，适合用于组织问题的解决；第二种方式更为个性化，适合个人问题和困惑的思考。

一、根据外在需求推导方案

1. 案例：餐厅品质提升（表格＋导图）

案例中综合运用了表格技术和思维导图技术。表格的优点是，可以表达工整对称的二维逻辑关系。思维导图的优点是，便于思考和创意发散。以下具体包括四个阶段。

A 阶段：客户需求调查。

现在我们根据四个阶段的思路，模拟一个餐厅的问题解决过程。假设我们是 X 餐厅的 CEO，在 1 月 1 日进行资料汇总和问题解决方案的制订。具体如下。

首先做客户需求（改进建议）的调查，再进行排序。

X 餐厅通过调查了解到，客户的需求点（改进建议）主要有以下几个方面：快速上餐、微笑服务、安静环境、空气清新、食材新鲜、分量足、适合全家口味。

我们对收集到的数据进行分析，统计需求点出现的频率。然后根据需求点集中程度，对客户需求进行重要性排序。

客户需求点	排序	X餐厅自身	行业标杆	目标	难度（0~10）	目标达成时间
快速上餐	4					
微笑服务	3					
安静环境	7					
空气清新	6					
食材新鲜	1					
分量足	5					
适合全家口味	2					

如上表所示，重要性最突出的需求是"食材新鲜"，第二位是"适合全家口味"，排在第三位的是"微笑服务"。通过问卷调查或者实地访谈等方式，收集

到客户最真实和完整的需求和建议。这是找到目标及改善方案的起点。

B 阶段：设定目标。

客户需求点	排序	×餐厅自身	行业标杆	目标	难度（0~10）	目标达成时间
快速上餐	4	平均15分钟	麦当劳：3分钟	平均8分钟	5（适中）	1个月后 2月1日
微笑服务	3	**缺乏笑容**	**攸县面馆：保持微笑**	**保持微笑**	**4（较易）**	**1个月后 2月1日**
安静环境	7	有较多喝酒聊天的声音	星巴克：静静地看书和咖啡	设置部分安静区域	5（适中）	1.5个月后 2月15日
空气清新	6	有少许油烟味	海边音乐餐厅：空气清甜	无油烟味	4（较易）	1.5个月后 2月15日
食材新鲜	1	**2~7天**	**鲜鱼生：1~3天**	**1~3天**	**7（较难）**	**两周后 1月15日**
分量足	5	平均6分满	东北三鲜：平均9分满	平均8分满	3（较易）	1个月 2月1日
适合全家口味	2	**偏咸，适合成年人**	**大家乐：适合全家口味**	**适合全家口味**	**7（较难）**	**两周后 1月15日**

我们将客户需求排序后，依次思考这几个问题：餐厅自身情况是如何的？行业标杆是如何的？我们餐厅的改善目标是什么？难度有多大？什么时间达成目标？

上表加粗了前三个需求对应的目标。因为我们在制订行动计划的时候，首先考虑完成前三个需求的改善方案，然后排序在后的需求会前移。

C 阶段：找到行动关键点。

目标	从内部软件入手	从内部硬件入手	从外部软件入手	从外部硬件入手
1.食材新鲜	采购制度，管理制度	宣传资料设计	供应商协商	
2.适合全家口味	员工培训	菜单设计		餐厅家具和设置
3.微笑服务	员工培训，考核制度	摄像头		

如上表所示，我们用前三位的需求推导"行动关键点"。可以通过四个角度进行分析：从内部软件如何改善，从内部硬件如何改善，从外部软件如何改善和

从外部硬件如何改善。

同时，记录和思考的重要性顺序也是如此。内部软件问题最重要，其次是内部硬件问题，然后才到外部软件和硬件的改善。

从表格我们了解到，"食材新鲜"这个需求的改善，涉及采购制度，管理制度，宣传资料设计和供应商协商四个要点；"适合全家口味"这个需求的改善，包括

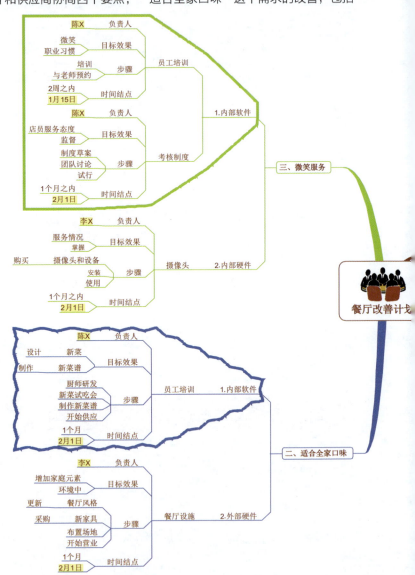

员工培训、菜单设计和餐厅家具摆设三个部分；"微笑服务"的实现，主要侧重在员工培训、考核制度和摄像头安置等三个方面。

D 阶段：制订计划。

下面思维导图是 × 餐厅三个最重要客户需求的改善方案。下面举例说明。

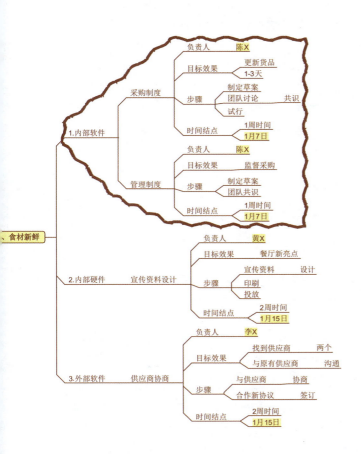

第一，"食材新鲜"的"内部软件"改善方案如下。

（1）采购制度建立。由陈×负责；目标效果是实现1~3天更新货品；步骤是制订草案，团队讨论与共识，形成试行制度；完成时间结点设置在1月7日。

（2）管理制度改善。由陈×负责；目标效果是监督和考核采购；步骤是制订草案，团队共识；完成时间结点为1月7日。

第二，"适合全家口味"的"内部硬件"改善方案是宣传资料设计。由黄×负责；目标效果是成为餐厅新亮点；步骤是设计宣传资料、印刷、投放；完成时间结点为1月15日。

第三，"食材新鲜"的"外部软件"改善方案是协调供应商。由李×负责；目标效果是找到两个新供应商，与原供应商协商；步骤是与供应商协商，签订合作新协议；完成时间结点是1月15日。

此张思维导图在每个行动计划的负责人和时间结点上，进行了黄色标注；将每个改善方向的"内部软件"计划进行了框示。

2. 制作步骤小结

A阶段：客户需求调查。

通过丰富的调研手段，收集客户对餐厅服务的品质需求和餐厅改善建议。同时，根据需求数据的特点，分析出客户对各项需求的重要性排序。

B阶段：设定目标。

完成"目标制订表格"，让我们非常清晰自己现在的状态，行业的标杆，自己努力的方向，难度，以及实现时间。

C阶段：找到行动关键点。

针对前三位的客户需求，进行"行动关键点"分析。从自身内部改善开始，先是软件的改善，再到硬件改善。这样，我们就推导出要改善的具体环节是什么。

D阶段：制订计划。

最后一步，我们需要用思维导图统筹所有的资源，制订改善方案。里面最基本的要素是：对应负责人，改善的目标效果，实现步骤和完成时间点。

这样，从外部需求推导改善方案的探索就完成了，我们可以根据这个计划实施行动。

二、通过内在沟通探索方案

组织的问题，很多可以通过外部反馈进行推导；但个人内心的问题，更需要通过内在沟通进行探索。

1. 与自己沟通的重要性

我们时常忽略自己，同时很愚昧地认为，"我们非常了解自己"。其实，在我们发现与他人沟通存在难度的时候，应该认识到，与自己内心沟通的难度会更大。因为与自己内心沟通需要更多的诚意、尊重和耐心。

只有当头脑关闭，我们进入没有对错判断的状态时，与自己的沟通才可能开启。因为如果头脑带着批判和指责，心就不愿意呈现真实的自己。我们会一直处在纠结和痛苦的状态下，找不到改善问题的方法。同时，不坦诚的心会让我们错失所有灵感和行动的力量。

所以，如果我们的关注点在心上，爱就会慢慢增长，潜意识之门也会打开。内心会开始诉说它的困惑和苦衷，表达它的伤痛和柔弱，甚至贪婪和愤怒……

随着沟通的深入，我们将会了解到自己问题的核心和根源，然后开始找到解决方案，并与自己达成行动协议。

2. 制作思维导图的步骤

绘制问题解决思维导图（自由发散联想思维导图）时，可以分为四个步骤。

第一步：绘制中心图和一级分支。

中心图可以空缺，用圆圈代表。因为我们可能无法确定思考内容的核心，同时，也希望给自己一个更开阔自由的主题空间。（可后期补上）

一级分支也可空缺。画上线条，但不在上面填写关键词，然后在这样的空白分支的基础上开始绘制思维导图。等思维导图绘制到中期，可以再补上较为合适的关键词。

第二步：自由发散联想。

开始一边探索自己的思路，一边绘制思维导图。在这个过程中，思路是随机的。我们可以跟随自己的内心对话，忠实地记录整个思考过程。

第三步：找出问题关键点。

当我们完成阶段性的思考之后，就可以整理思维导图上的关键点。比如，在认为最重要的灵感上标记星号。

第四步：制订解决问题的行动计划。

我们根据找到的问题关键点，制订行动计划。这样就可以很清晰，如何开展下一步的行动，个人问题要如何改善。

三、要点回顾

（1）行动计划落实到负责人和时间点。

（2）坦诚、包容的心态。

坦诚、包容的心态是制作"内在探索思维导图"的基础。"不管写出什么信息，都是内心的真实呈现，我都接纳它。"同时，注重灵感激发。

第二节 静心与思维导图

一、两者关系：道与术的结合

很长一段时间，我都认为静心和思维导图是相悖的，不能同时存在。因为静心讲的是放下，思维导图讲的是提升行动力。这让我着实沮丧。

但后来，我逐步接受了这两个部分的同时存在。

因为，静心讲的放下，不是实际行动力的消失，而是内心的一种状态。我们在内心放下的状态下，也可以行动，而且这样的行动力更纯粹、更强大。

思维导图讲的提升行动力，并不一定是盲目的行动力，也可以是充满觉知和静心的行动力。因为在不同的心理状态下使用思维导图，画出来的东西是完全不一样的。

如果我们在贪婪、欲望和恐惧的心理状态下绘制思维导图，画出来的只能是贪婪、欲望和恐惧。得到的结果一定是错误的决策。而我们在爱与慈悲的平等心状态下绘制思维导图，画出来的就是美好的世界。得到的结果也会是智慧的决策。

所以，我逐渐明白，思维导图是一个工具，帮助我们整理思路的工具。它可以画出美好的世界，也可以画出险恶的世界。关键看绘图者的内心与状态。

就好像一个大家都知道的道理："刀没有好坏对错，它只是工具。"善良的人用它雕刻、切菜做饭；不善的人用它伤害别人。

曾经有一段时间，我埋怨思维导图。认为它让我总是处在忙碌思考的状态下，甚至经常为一些事情或结果而偏执、疯狂。后来，我发现，这不是思维导图的错，是我的心出问题了。

贪婪让我走向心力耗竭和无可救药。因为思维导图带来的便利，让我贪婪地希望得到更多：做更多的事情，快速实现更大的目标，学习更多的知识。但我忘了我的心，忘了爱自己。忘了知识不等于智慧，物质不等于幸福。

直到有一天，我开始静坐和冥想，慢慢找回与心的联系。

所以，我应该感谢思维导图。它让我快速成长，实现各种目标，并最终发现物质和目标不是生活的全部。同时，它给我一个疯狂的机会，让我看到更深处的自己，并有了更深地爱自己的契机。

二、原理：能量自下而上

在第一章就说过，头脑是显示器。我们并不是在用头脑思考问题，头脑主要负责呈现身心运作的结果。

安徒生在《笔和墨水》的故事中写到："诗歌的灵感不是来自笔，也不是来自墨水，甚至不是来自诗人。而是来自上帝。"讲的是相似的意思。

是的，我们只有调动心灵的力量，才能正确启动头脑，找到要的信息。

1. 强健心

心中充满贪欲和恐惧，思考只能得到错误的方案。所以，放下贪婪的心念，不要对行动的结果过于执着；放下恐惧的心念，不要对有可能的失败充满恐惧。

让心充满爱的和谐力量。

思考行动方案和决策的时候，基于对自己和对外界的爱心，这样绘制出的行动方案将充满智慧。

阅读分析时，我们感恩与知识的相遇，享受当下的领悟，这样记忆会更深刻，灵感会涌现。

2. 深呼吸，并挺直腰杆

深呼吸让我们的身体良性运转，头脑携氧通畅。挺直腰杆有利于身体的能量向头脑输送，自下往上运行。

就好像，如果树的根系不发达，它就不能长高长大，而且容易倾倒。如果人的身体能量流动不通畅，思考越多，焦虑越多；学习的知识越多，障碍和困惑就同时增加。

三、建议

启动身体，是激活头脑和用好思维导图的关键。

要想增强头脑的活力，我们可以学习静坐和冥想。让身体和心灵安静下来，头脑的思维反而活跃清晰起来。比如，每天学习开始之前，可以先深呼吸放松 5 分钟；每天工作开始前，可以先静坐 5 分钟；心情烦躁的时候，同样可以通过冥想来调节身心。

同时，适当地运动，强健身体，有利于头脑发展。我们通过身体释放多余的能量，压力就得到缓解，心情顿时会变得愉快。解决日常问题和困扰的思路，也会在身心放松的时候自然浮现。

第三节　思维导图的心法

外在表现是内心状态的呈现。善用思维导图的力量，一定来自我们的内心。所以，这一节我们一起探讨思维导图绘制的六个核心内在状态。

这些要素是绘制思维导图的基础，同时也会随着我们使用思维导图的深入，长足地进步。就像作用力与反作用力，彼此相互影响。

一、自由

思维导图的第一个内推力就是：自由。

首先，思维导图是在一张大白纸上随机创造的。每一个延伸、每一段分支和弯曲都是没有限制，并不可重复的。这让我们可以自由地操控笔墨，将思路延展到任何方向和角落。

其次，思维导图没有具体分支的设计要求。所以，我们想记录什么信息都是可以的，想如何分解信息也是自由的。这会激发思考探索的能力，让我们做自己思维的主人。

最后，思维导图更像是一个行动的中间环节，私密个性化的思考过程。因为它主要是做给自己看的，是整理思路的工具。大部分时候，思维导图不是呈现给外界的最终结果。

比如，绘制阅读思维导图，是为了帮助我们提升理解和记忆效率；绘制写作思维导图，是用于理顺思路，让写作更流畅；制作授课思维导图，则是为了理顺讲课的思路，使我们更轻松地制作课件和授课。

可见，思维导图主要的功能是满足自己的思考需求，而不需要过多考虑他人是否可以看懂或喜欢。它甚至可以帮助我们重新找到独立思考的自信和快乐。

二、灵活变通

这里指的灵活是针对绘制技巧与用途的关系而言的。

如果我们有强烈的美术爱好，可以将思维导图做成一个美妙绝伦的艺术品。有丰富的色彩，还有精美的中心图和插画。

但如果我们不善于绘画，思维导图的制作也很简单，达到实用效果就行。我们可以随时随地在草稿本上绘出它的结构。简单的中心词，单色的分支……同样可以整理思路，理顺复杂的信息关系，建立网络化思维。

所以，在思考是否开始使用思维导图时，请不要拘泥于自己是不是有绘画天赋。思维导图适合每一个人。而且，只要我们开始绘制，成长的脚步就启动了。

三、探索

"主干写什么？""下一个分支，怎么写？"

绘制思维导图的过程，就是面对持续不断的内心提问的过程。也是我们启动频繁深入的自我交流的方法。

因为如果思维没有方向感，我们不思考："这个信息，到底分成几个要点？""那一个要点，让我联想到什么了？"……思维导图就没有办法完成。

所以，思维导图推动我们不断深入探索。

随着思维导图分支的延展，我们可以探索问题的根源、事物的细节、把理想变为现实的具体步骤，以及内在真实的想法。

四、稳定

稳定是绘制思维导图的关键心态。

一张思维导图的扩展，就像一棵大树的生长。随着养分的供应，能量的疏导，它一步一步扩张开来。

问题就来了，如果一棵大树，地上部分成长太快，而地下根系成长不协调，它就很容易倒下，生命就此中断。所以，树的成长是上下同步的：有如何强大的根系，就能长成如何茂盛的枝叶。

思维导图也是一样。如果我们想让自己的思维导图往纵深延展，就需要不断提升自己内心的稳定性。

当内心通透而强大的时候，思维导图会画得更深入、细致和丰富；当内心充满虚伪和自我欺骗时，思维导图将缺乏灵感，找不到延展的思路。

五、目标感

思维导图给我们带来的另一个收益就是：目标感的增强。

心中没有目标感，就无法下笔绘制思维导图；同时，在绘制思维导图的过程中，我们的目标感和方向感将持续得到训练。

绘制思维导图的过程中，内在的重要对话就是："要点在哪里？""什么才是最重要的？"

举例说，一个人只有知道自己要去干什么，才能开始收拾行李。如果他要去地里干活，对他来说最重要的物品是锄头和簸箕；如果他准备去环球旅行，最重要的物品就变成手机、电脑、衣服和毛巾了。

所以，"要点在哪里"这个问题的背后，就是"我的目标是什么，绘制导图想要得到的结果是什么"这些问题。可见，缺乏了清晰的目标，找到要点是不可能的。

六、善意的发心

最后一点，看似无用，其实无价。

生活很多时候都是一种循环往复的过程。我们不是走在良性循环的道路上，就是运行在恶性循环的轨道里。

思维导图从技术层面是客观的，没有好坏对错，但从使用者角度出发，却有优劣善恶。如果我们保有一颗善意的发心，绘制出的思维导图将让自己的生活加速改善；如果我们怀着不良的用心，使用思维导图将加速我们厌恶自己。

所以，一点善意是弱小的，但从一点光芒开始出发，我们就可能将整个世界照亮。

七、小结

思维导图需要我们有自由灵活的心,探索的精神,稳定的心态,清晰的目标感和善意的发心。同时,随着使用思维导图的深入,我们的这些品质也会不断成长。

所以,思维导图不单是一种整理思路的工具,它也是一种新的思维方式和思考理念。

后　记

首先，要感谢每一个阅读此书的伙伴、我亲爱的父母和家人，以及协助此书出版的所有工作人员。是你们让我有动力完成全书的写作。

然后，在书的最后部分，我来写写这些年实践和教学思维导图的一些启发。

高一的时候，我在书店购买了东尼·博赞的《思维导图》，这是第一次亲密接触思维导图；然后在大一的时候，跟着王茂华老师又重新学习了一次，让我和思维导图走得更近了；接着，在图书馆疯狂地用它进行阅读，让我最终决定走上培训思维导图的道路。

从 2005 年开始培训思维导图至今，一转眼就十几年了。

一路走来，我不但要感谢我的领路人东尼·博赞先生和王茂华老师，还有让我如痴如醉的广外图书馆，更要感谢我培训过的成千上万名学员。其实，是这些学员最终推动了我在思维导图上的成长。

因为为自己学习和为更多人而成长的感觉，是完全不一样的。培训师的责任感，推动我不断前进。每个学员坚持的身影，支持和启发着我。就像我们一直说的，"教学相长"。

学习思维导图的确是一个艰辛而孤独的旅程。每个想用好思维导图的伙伴，需要做的并不是参加任何培训，而是主动拿起笔，坚持不懈地画。

老师的作用其实很小，就像这本书的作用一样。书可以给我们一些案例、启示、指引和陪伴，但仅此而已，我们需要自己踏上这条实践的道路。

在实践中，可能会遇到困难、感到迷茫，真正能帮助我们的就是努力去总结、思考和创新突破。所以，想学好思维导图，就要耐得住寂寞、坚持独立地求索。有很多学员的故事一直在感动着我，在此和大家分享三个。

1. 高三女孩

有一位高三的女孩，专程请假来到广州参加课程。她静静地坐在教室里，瘦瘦高高的样子，开始并没有给我留下深刻印象。

课程结束后，她过来找我，说："老师，我没有听明白。可以再给我辅导一下吗？"我欣然答应了。我很乐于见到好学的学员，但以为她只是三分钟热度。

她拿出课本，于是我们一起将课本分析了一遍。然后过几天，她又过来了。等了两个小时，我才腾出时间和她一起分析了另一本教材。就这样，她一共来了三四次，每次都几乎等了一个上午，我才有时间给她进行辅导。（连我都佩服她的毅力。）

然后，她回到自己的学校继续去准备高考。其间，她一直会定期发邮件给我，告诉我她的成长和感悟。她告诉我：自己可以将全部课本都默画出来了，可以将知识点自由组合了，数学竞赛取得了很好的成绩……

很快，高考结束了，她考到北京自己理想的学校。每个寒暑假，她都抽空来广州和我继续交流思维导图的新想法。后来，她决定出国继续学习。我很替她高兴。（稍有遗憾的是，我因为丢失了原来的QQ，后来就联系不上她了。）

2. 大学男孩

有段时间，我在北京各大高校巡回演讲，并开设了一次课程。课程上有一位男孩很喜欢追着我问问题。

课程结束了，我回到广州，那个学员仍会时不时跟我通电话，向我咨询学习实践中的问题："如何提升记忆力，阅读能力，应该读哪些书"甚至各种生活上的困惑，他也会给我打电话。

这样的互动持续了将近六年。后来他跟我聊起他在职业上的困惑，说："我不想一直默默无闻地做一份本职工作，我也想做培训师，把这些好方法告诉更多人。"于是我鼓励他努力踏出第一步：空想不是实践。

现在他在前往自己理想的道路上努力着，我也看到了他的巨大进步。他已经通过线上辅导帮助了很多学员，并在这个过程中不断自我充实和提升。

3. 中小企业主

这是近期我遇到的一个学员。她拥有自己的儿童用品品牌和工厂，是一个努力上进的企业家。参加完面授课程后，她就通过我的线上课程继续学习。

在这期班的学员中，她给我留下很深的印象。每次的课程她都很认真地做笔记，并总结自己的收获。在完成作业的过程中，她也会积极地探索思维导图如何与自己的管理工作进行对接。

看到她每次课程的成长和实践收获的喜悦，我很替她高兴。她的每一次进步，真的是来自自己内心的渴望和自我约束。

讲了三个学员的故事，我想表达一下作为老师的感悟："虽然培训了众多学员，但真正成就他们的不是老师。"

在这里我想起书中讲到的"二八定律"（帕累托法则），20%的伙伴靠自己的努力收获成长，80%的伙伴因为找借口错过成长；20%的伙伴感谢生活中的每次机会，80%的伙伴抱怨条件不足，无法自我提升。

相信每个看到这本书的伙伴，都是人群中善于把握学习机会的那20%的精英。

相遇是缘。期待这本书能给你种下一颗思考的种子，更期待它能推动这颗种子，在你的思维导图实践中开花结果。